中国二氧化碳捕集、利用与封存（CCUS）状态报告

China Status of CO_2 Capture, Utilization and Storage (CCUS)

蔡博峰　李　琦　林千果　马劲风　庞凌云　等编著

中国环境出版集团·北京

图书在版编目（CIP）数据

中国二氧化碳捕集、利用与封存（CCUS）状态报告 / 蔡博峰等编著.—北京：中国环境出版集团，2020.8

ISBN 978-7-5111-4422-5

Ⅰ.①中… Ⅱ.①蔡… Ⅲ.①二氧化碳－收集－研究 报告－中国 ②二氧化碳－废物综合利用－研究报告－中国 ③二氧化碳－保藏－研究报告－中国 Ⅳ.①X701.7

中国版本图书馆CIP数据核字（2020）第167634号

出 版 人 武德凯
责任编辑 葛 莉
文字编辑 史雯雅
责任校对 任 丽
设计制作 杨曙荣 伍鹏程 李 琦 谷莹莹

出版发行 中国环境出版集团
（100062 北京市东城区广渠门内大街16号）
网　　址：http://www.cesp.com.cn
电子邮箱：bjgl@cesp.com.cn
联系电话：010-67112765（编辑管理部）
010-67113412（第二分社）
发行热线：010-67125803 010-67113405（传真）
印　　刷 北京建宏印刷有限公司
经　　销 各地新华书店
版　　次 2020年8月第1版
印　　次 2020年8月第1次印刷
开　　本 787×1092 1/16
印　　张 4.5
字　　数 70千字
定　　价 36.00元

序

气候变化是21世纪人类面临的严峻挑战，是深刻影响各国经济社会发展和生态环境的重大全球性问题，积极应对气候变化已成为全球普遍共识和大势所趋。习近平总书记多次强调，应对气候变化不是别人要我们做，而是我们自己要做，是我国可持续发展的内在要求，是推动构建人类命运共同体的责任担当。党的十九大报告提出，要在绿色低碳等领域培育新的增长点、形成新动能。习近平总书记在2018年全国生态环境保护大会上指出，要实施积极应对气候变化国家战略，推动和引导建立公平合理、合作共赢的全球气候治理体系，彰显我国负责任大国形象，推动构建人类命运共同体。

2015年发布的《强化应对气候变化行动——中国国家自主贡献》明确提出，中国二氧化碳排放在2030年前后达到峰值并争取尽早达峰；2030年单位国内生产总值二氧化碳排放量比2005年下降60%～65%，非化石能源占一次能源消费比重约达20%。

二氧化碳捕集、利用与封存（CCUS）技术有望实现化石能源利用的近零排放，受到国际社会的广泛重视。我国十分重视CCUS技术。2016年国务院印发的《"十三五"控制温室气体排放工作方案》明确提出："要推进工业领域碳捕集、利用和封存试点示范"。国家发展和改革委员会、生态环境部、科学技术部等部门先后发布20多项政策性文件，积极推动CCUS技术健康发展。2016年环境保护部（现生态环境部）发布的《二氧化碳捕集、利用与封存环境风险评估技术指南（试行）》，是发展中国家第一个针对CCUS的环境管理规范。

我国在CCUS技术研发、试验示范和商业化探索方面已开展了大量工作，初步形成了政府引导、市场主导、企业参与、示范先行的工作格局，呈现了技术路径多样、项目种类齐全、部署发展有序的良好局面。《中国二氧化碳捕集、利用与封存（CCUS）状态报告》通过大量的现场调研，收集了中国 CCUS 技术和项目发展的基础数据，梳理和总结了中国 CCUS 项目状况。报告对总结我国 CCUS 领域的努力和实践、评估发展状况和需求、规划布局未来 CCUS 的发展有着积极的支撑作用。

希望更多的研究机构和企业汇聚到 CCUS 的事业中来，共同推动 CCUS 发展和应对气候变化工作。

生态环境部应对气候变化司　司长

报告召集人

蔡博峰　　生态环境部环境规划院气候变化与环境政策研究中心
李　琦　　中国科学院武汉岩土力学研究所

首席科学家

（按姓氏拼音排序）
李　琦　　中国科学院武汉岩土力学研究所
林千果　　华北电力大学
马劲风　　西北大学 / 二氧化碳捕集与封存技术国家地方联合工程研究中心

主办单位

生态环境部环境规划院气候变化与环境政策研究中心
中国科学院武汉岩土力学研究所
华北电力大学
西北大学 / 二氧化碳捕集与封存技术国家地方联合工程研究中心
中国 21 世纪议程管理中心
中国环境科学学会气候变化分会

报告引用：蔡博峰，李琦，林千果，等 . 中国二氧化碳捕集、利用与封存（CCUS）报告（2019）[R]. http://www.cityghg.com/a/news/2020/0119/179.html.

编写委员会

（按姓氏拼音排序）

蔡博峰　　生态环境部环境规划院气候变化与环境政策研究中心
曹丽斌　　生态环境部环境规划院气候变化与环境政策研究中心
陈　帆　　生态环境部环境工程评估中心
陈其针　　中国 21 世纪议程管理中心
樊静丽　　中国矿业大学（北京）
贾　莉　　中国 21 世纪议程管理中心
姜大霖　　国家能源技术经济研究院发展战略所
李　琦　　中国科学院武汉岩土力学研究所
李鹏春　　中国科学院南海海洋研究所
梁　希　　广东南方碳捕集与封存产业中心
林千果　　华北电力大学
刘桂臻　　中国科学院武汉岩土力学研究所
马劲风　　西北大学 / 二氧化碳捕集与封存技术国家地方联合工程研究中心
庞凌云　　生态环境部环境规划院气候变化与环境政策研究中心
谭永胜　　中国科学院武汉岩土力学研究所
伍鹏程　　生态环境部环境规划院气候变化与环境政策研究中心
夏玉辉　　中国 21 世纪议程管理中心
许世森　　华能清洁能源技术研究院
杨晓亮　　世界资源研究所
杨　扬　　中国 21 世纪议程管理中心 / 北京理工大学能源与环境政策研究中心
张　贤　　中国 21 世纪议程管理中心
张　徽　　中国地质调查局水文地质环境地质调查中心
张九天　　北京师范大学
仲　平　　中国 21 世纪议程管理中心
朱　磊　　北京航空航天大学

贡献作者

（按姓氏拼音排序）

程启贵　　中国石油天然气股份有限公司长庆油田分公司
董海海　　中国石油天然气股份有限公司新疆油田分公司
顾　锋　　江苏华扬液碳有限责任公司泰兴二氧化碳厂
贾国伟　　中国 21 世纪议程管理中心
李　清　　中国石油吉林油田分公司二氧化碳捕集埋存与提高采收率开发公司
梁凯强　　陕西延长石油（集团）有限责任公司研究院
刘家琰　　中国 21 世纪议程管理中心
刘练波　　中国华能集团清洁能源技术研究院有限公司
刘牧心　　中英（广东）CCUS 中心
吕广忠　　中国石油化工股份有限公司胜利油田分公司
牛保伦　　中国石油化工股份有限公司中原油田分公司
彭雪婷　　中国 21 世纪议程管理中心
王　浩　　中国 21 世纪议程管理中心
王浩璠　　西北大学 / 二氧化碳捕集与封存技术国家地方联合工程研究中心
王永胜　　国家能源投资集团有限责任公司煤制油分公司
杨　帆　　中国 21 世纪议程管理中心
赵晏强　　中国科学院武汉文献情报中心

评审专家

杜祥琬　　中国工程院
王金南　　生态环境部环境规划院
何建坤　　清华大学
潘家华　　中国社会科学院
吕学都　　亚洲开发银行
马爱民　　国家应对气候变化战略研究和国际合作中心
郭建强　　中国地质调查局水文地质环境地质调查中心
李小春　　中国科学院武汉岩土力学研究所
续大康　　陕西省生态环境厅
刘鸿志　　中国环境科学学会
李　清　　中国石油吉林油田分公司二氧化碳捕集埋存与提高采收率开发公司
覃建华　　中国石油新疆油田分公司勘探开发研究院
顾　锋　　江苏华扬液碳有限责任公司泰兴二氧化碳厂

摘要 >>>>

二氧化碳（CO_2）捕集、利用与封存（carbon dioxide capture, utilization and storage，CCUS）作为一项有望实现化石能源大规模低碳利用的新兴技术，受到了国际社会的广泛关注。

中国 CCUS 技术种类齐全，囊括了深部咸水层封存、二氧化碳驱提高石油采收率、二氧化碳驱替煤层气等各种 CCUS 关键技术，为中国乃至全球 CCUS 发展、推广和管理积累了非常宝贵的经验和数据。截至 2019 年，中国共开展了 9 个捕集示范项目、12 个地质利用与封存项目，其中包含 10 个全流程示范项目。不包括传统化工利用，所有 CCUS 项目的累计封存二氧化碳量约为 200 万 t。

捕集主要集中在煤化工行业，其次为火电行业等。地质利用和封存项目以提高石油采收率为主。中国 CCUS 的捕集技术已经比较成熟，在地质利用和封存方面，若干核心技术取得了重大突破。二氧化碳驱提高石油采收率等技术已进入商业化应用初期阶段。

经济成本依然是制约中国 CCUS 技术发展的重要因素，在 CCUS 技术的捕集、输送、利用与封存环节中，捕集是能耗和成本最高的环节。中国当前的低浓度捕集成本为 300 ～ 900 元 /t（CO_2），罐车运输成本为 0.9 ～ 1.4 元 /（t·km）。驱油封存技术因技术水平、油藏条件、气源来源、源汇距离等不同，成本差异较大。驱油封存可以提高石油采收率，有效补偿 CCUS 技术的成本，若原油在 70 美元 / 桶的水平，CCUS 技术的驱油封存成本基本就可以得以平衡。

相较中国的二氧化碳排放量和减排需求，当前 CCUS 技术的减排贡献仍然很低（二氧化碳年封存量约为年排放量的万分之一），难以满足中国低碳发展的迫切需求。建议尽快建立较为全面的 CCUS 技术发展政策环境，推动中国 CCUS 技术健康发展，主要包括：

（1）建立、健全 CCUS 技术的法规和标准体系

中国 CCUS 项目实践过程面临所有权不明确、管辖部门及审批程序不明确、相关技术规范缺乏等亟待解决的问题，需要制定明晰、完善的 CCUS 法律法规，减少利益相关方的各种顾虑，确保 CCUS 项目稳健开展；严格、清晰界定 CCUS 项目边界，防止 CCUS 概念泛化；基于标准体系实施 CCUS 项目从选址到减排量的第三方核查制度。

（2）出台鼓励和补贴政策，探索市场化激励机制，完善投融资环境

CCUS 技术的发展需要解决商业化应用之前的巨额研发资金投入的问题。建议出台政策，实施经济鼓励和补贴；探索市场化激励政策，开通银行贷款绿色通道，引进社会资本，推进把 CCUS 技术纳入中国碳排放权交易体系等；加强基础设施建设，包括建设二氧化碳运输管道等，降低 CCUS 运营商的成本；建议设计合理的投融资机制和政策，克服 CCUS 投资与运行成本高的障碍。

（3）建立跨部门、跨行业协调机制，分阶段、分行业、分重点逐步推进 CCUS 技术的商业化进程

CCUS 项目的开展涉及多部门、跨行业的配合和协调，建议成立由生态环境部领导的专门跨部门协调机构，统筹 CCUS 规划、研究、评估、立项等环节中不同部门之间的协调工作，设计合理的成本、效益和责任分担机制。以规模化地质封存为驱动，以大规模安全封存与减排为目标，在“十四五”期间，开展中国 CCUS 项目整体布局和规划工作。

目录

1 CCUS 概况 >>>>

二氧化碳捕集、利用与封存（CCUS）是指将二氧化碳从排放源中分离后加以利用或封存，以实现二氧化碳减排的工业过程。作为一项有望实现化石能源大规模低碳利用的新兴技术，CCUS 是中国未来减少二氧化碳排放、保障能源安全和实现可持续发展的重要手段。CCUS 在二氧化碳捕集与封存（CCS）的基础上增加了“利用（Utilization）”，这一理念是随着 CCS 技术的发展、对 CCS 技术认识的不断深化、在中国的大力倡导下形成的，目前已经获得了国际上的普遍认同。联合国政府间气候变化专门委员会（IPCC）第五次评估报告（2014 年）中强调了生物质能源技术和 CCUS 技术相结合的新型 CCUS 技术——生物能碳捕获与封存（BECCS），并将其作为负排放的重要技术，该技术逐渐受到越来越多的关注。

CCUS 的主要过程和技术环节见表 1-1，其技术类型见图 1-1。

表 1-1　CCUS 主要过程和技术环节

环节		主要过程
捕集		在化工、电力、钢铁、水泥等行业中，对在化石能源使用过程中产生的二氧化碳进行分离和富集的过程。可分为燃烧后捕集、燃烧前捕集和富氧燃烧捕集
运输		将捕集的二氧化碳运送到利用或封存地的过程，包括陆地或海底管道、船舶、铁路和公路等输送方式
利用与封存	地质利用	将二氧化碳注入地下，生产或强化能源、资源开采的过程，主要用于提高石油、地热、地层深部咸水、铀矿等资源采收率
	化工利用	以化学转化为主要手段，将二氧化碳和共反应物转化成目标产物，实现二氧化碳资源化利用的过程，不包括传统利用二氧化碳生成产品、产品在使用过程中重新释放二氧化碳的化学工业，如尿素生产等
	生物利用	以生物转化为主要手段，将二氧化碳用于生物质合成，主要产品有食品和饲料、生物肥料、化学品与生物燃料和气肥等
	地质封存	通过工程技术手段将捕集的二氧化碳储存于地质构造中，实现与大气长期隔绝的过程。主要划分为陆上咸水层封存、海底咸水层封存、枯竭油气田封存等类型

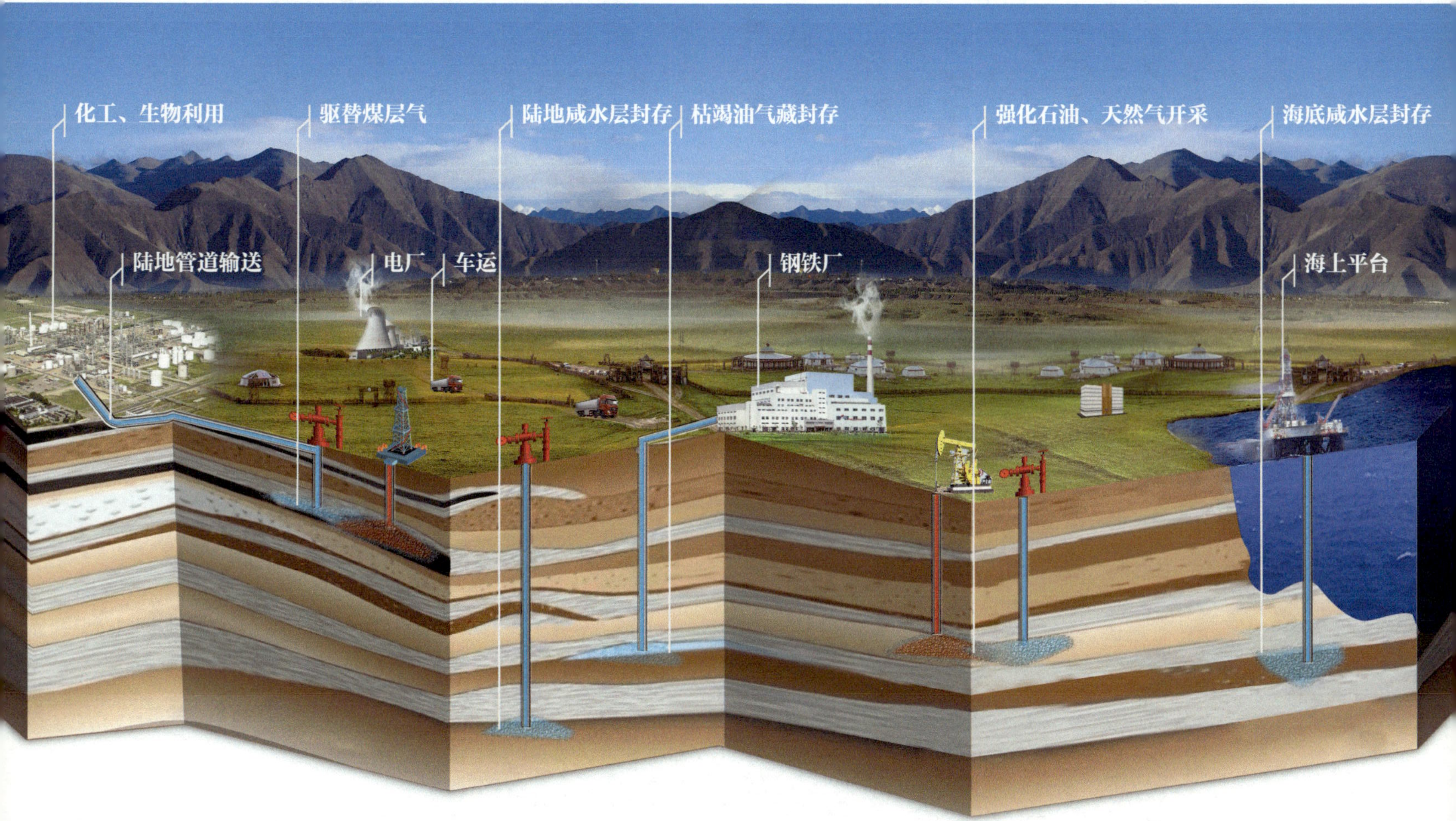

图 1-1　CCUS 技术类型示意图

在各类减排技术中，CCUS技术被认为未来将填补能效和可再生能源技术减排的不足，能够实现化石能源利用的二氧化碳近零排放。IPCC在第五次评估报告（2014年）中指出，CCS对于全球温室气体减排具有非常重要的意义。IPCC认为，要在2100年实现450×10^6二氧化碳当量浓度目标（控制温升不高于2℃的目标），CCS技术将发挥至关重要的作用。绝大多数不考虑CCS技术的模型，都无法在2100年实现450×10^6二氧化碳当量浓度的目标。IPCC认为，CCS技术对于全球温室气体减排成本的降低也具有重要影响。在2030年CCS技术相对于其他低碳技术将更具有市场竞争力，2030年以后将在全球温室气体减排中发挥重要作用。

在IPCC发布的《全球升温1.5°C特别报告》（2018年）涉及的实现控制温升不高于1.5°C的4种情景中，仅有一种情景（终端能源需求大幅下降）没有使用CCS技术，在其他3种情景中，到2100年CCS技术分别要实现的二氧化碳减排量为3 480亿t（其中BECCS技术实现减排量1 510亿t）、6 870亿t（其中BECCS技术实现减排量4 140亿t）和12 180亿t（其中BECCS技术实现减排量11 910亿t）。BECCS技术的部署在2030年仍然有限（在情景中位数水平下，BECCS技术在2030年的减排量为3亿t），但在2050年，3种情景分别实现的二氧化碳减排量为30亿t/a，50亿t/a和70亿t/a（情景中位数水平）。

IPCC发布的《气候变化与土地特别报告》（2019年）认为2050年BECCS技术的二氧化碳减排潜力能达到4亿～113亿t/a。国际能源署（IEA）在《通过CCUS改造工业》（2019年）中提出，在清洁技术情景（与《巴黎协定》路径一致）下，2060年工业部门的CCUS累计量将达到280亿t，能源加工和转换部门CCUS累计量为310亿t，电力部门CCUS累计量为560亿t。CCUS将实现38%的化工行业减排，15%的水泥和钢铁行业减排。

2019 年全球主要国家 CCUS 项目与封存量见表 1-2。

国际上很多政府、组织、企业等积极推动 CCUS 技术在全球的发展与布局，为 CCUS 技术的发展提供了强有力的政策支持。

表 1-2　2019 年全球主要国家 CCUS 项目与封存量

国　家	累计封存量 / 万 t	CCUS 年封存量 / 万 t	CO_2 年排放量 / 万 t	项目数量 / 个
美　国	＞5 800（1972—2019年）	约 2 100	514 520	9
中　国	约200（2007—2019年）	10 ～ 100	942 870	10
挪　威	约 2 200（1996—2019 年）	170	3 550	2
加拿大	约 4 425（2000—2019 年）	约 300	55 030	4

注：二氧化碳排放数据来源于中国石油公司（BP）*Statistical Review of World Energy 2019*，为化石能源燃烧排放数据。美国二氧化碳捕集与注入数据来自 U.S. Environmental Protection Agency (EPA, 2016) 和作者调研。挪威二氧化碳累计封存量数据来自全球碳捕集与封存研究院（GCCSI）。中国项目规模为 2 万 t 以上，美国、挪威、加拿大项目规模为 40 万 t 以上。

2 中国 CCUS 项目 »»»

2.1 中国 CCUS 项目分布

截至 2019 年 8 月，国内共开展了 9 个纯捕集示范项目、12 个地质利用与封存项目，其中包含 10 个全流程示范项目。除此之外，国内还开展了数十个化工、生物利用项目。地质利用与封存项目主要分布在鄂尔多斯盆地（4）、渤海湾盆地（2）、松辽盆地（2）、沁水—临汾盆地（1）、海拉尔盆地（1）、苏北盆地（1）、准噶尔盆地（1），涉及的省份包括内蒙古自治区（3）、山东省（1）、河南省（1）、陕西省（2）、山西省（2）、新疆维吾尔自治区（1）、吉林省（1）、江苏省（1）。

图 2-1 为中石油新疆油田二氧化碳地质封存现场。

图 2-1　中石油新疆油田二氧化碳地质封存现场

2019年，中国共有18个捕集项目在运行，二氧化碳捕集量约170万t；12个地质利用项目在运行中，地质利用量约100万t；化工利用量约25万t、生物利用量约6万t（图2-2）。

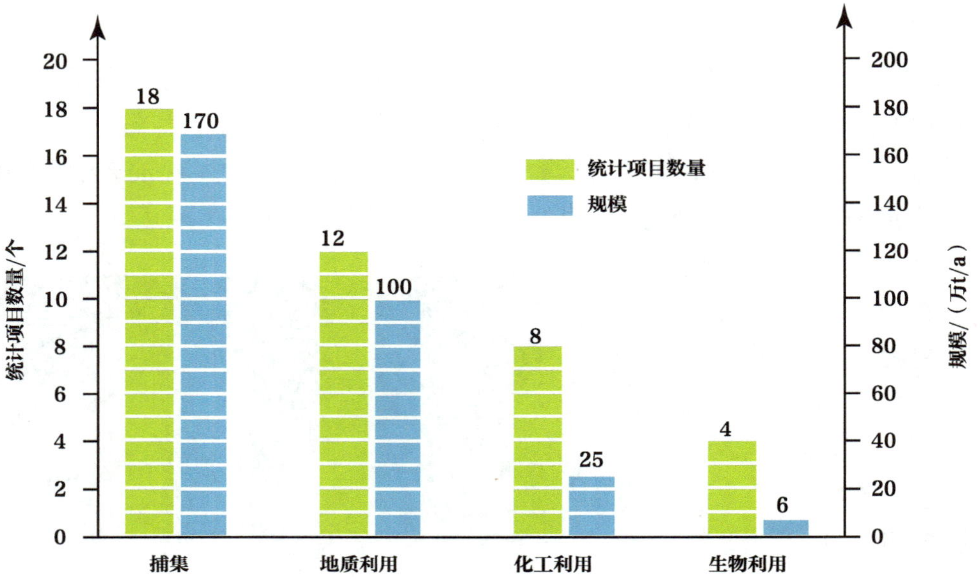

图2-2　2019年中国CCUS项目统计

注：①神华咸水层封存项目已于2015年结束注入，上图中不包含此项目。
②图上的化工利用、生物利用项目数量指统计数量，不代表全国实际水平，因统计原因，可能存在遗漏。
③化工利用的规模指的是全国规模，不代表本报告统计项目的利用量。数据来源于《中国CCUS发展路线图（2019）》。

2.2　捕集示范项目

中国二氧化碳捕集示范项目主要分布在华东地区、华北地区。项目类型包括燃烧后捕集、燃烧前捕集和富氧燃烧捕集。

图2-3为中石油长庆油田二氧化碳先导试验基地。

图 2-3　中石油长庆油田二氧化碳先导试验基地

中国二氧化碳捕集主要在煤化工行业开展，其次为火电行业、天然气行业以及甲醇、水泥、化肥等行业（图 2-4，图 2-5）。烟气浓度的高低常常与成本息息相关。

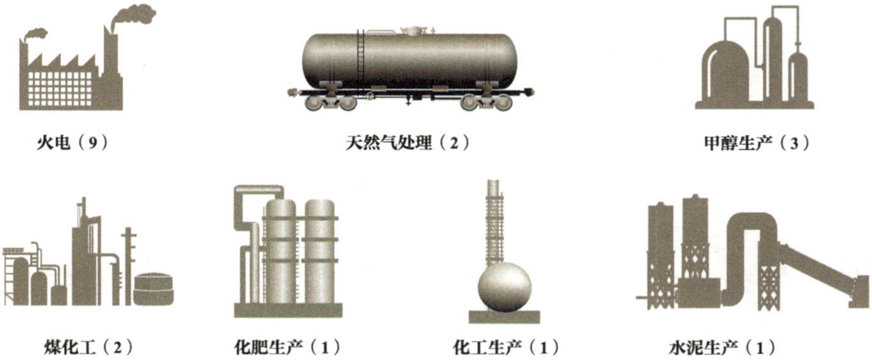

注：数字代表项目个数

图 2-4　中国二氧化碳捕集项目数量的工业分布

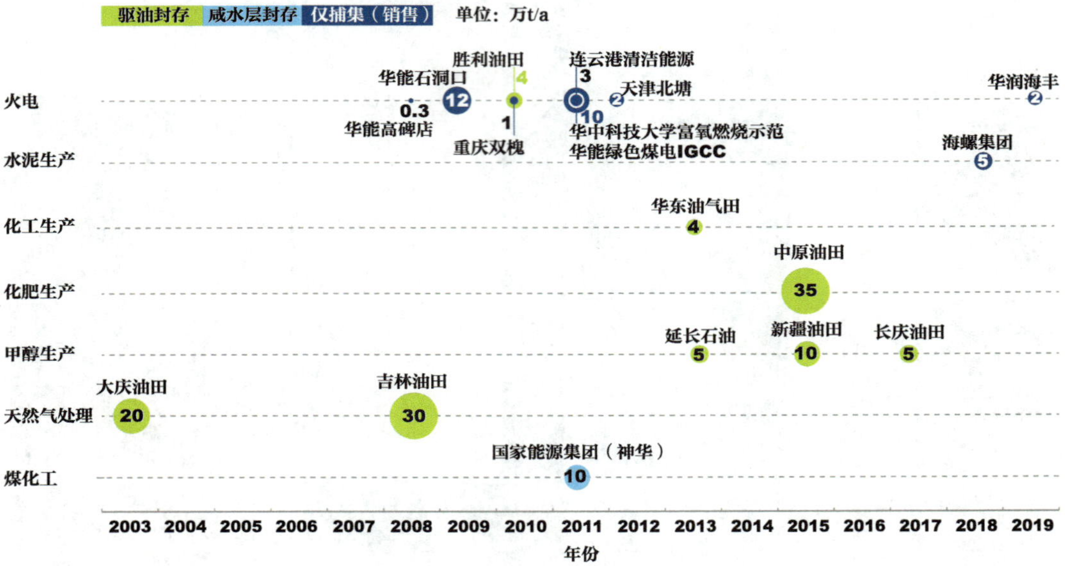

图 2-5　中国二氧化碳捕集的工业类型

美国 CCUS 项目覆盖行业较广，包括乙醇生产、制氢、石油炼化、化工等（图 2-6）。两国在电厂行业的差距较小。

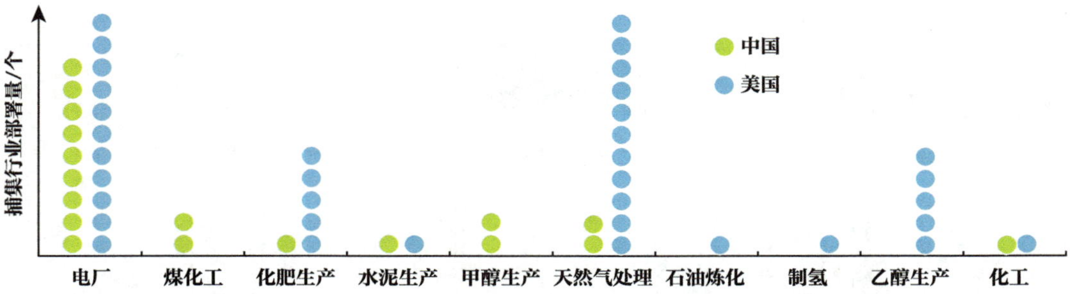

注：圆点多少代表项目个数。

图 2-6　中美 CCUS 项目行业部署对比

2.2.1 燃烧后捕集

中国燃烧后捕集技术主要是在燃煤电厂采用化学吸收法对烟道气中二氧化碳进行捕集。华润电力海丰碳捕集测试平台项目于2019年5月正式投产，是亚洲首个多线程碳捕集测试平台，是与美国国家碳捕集技术测试中心、挪威蒙斯塔技术中心并行的世界三大碳捕集技术中等规模试验基地之一（图2-7）。

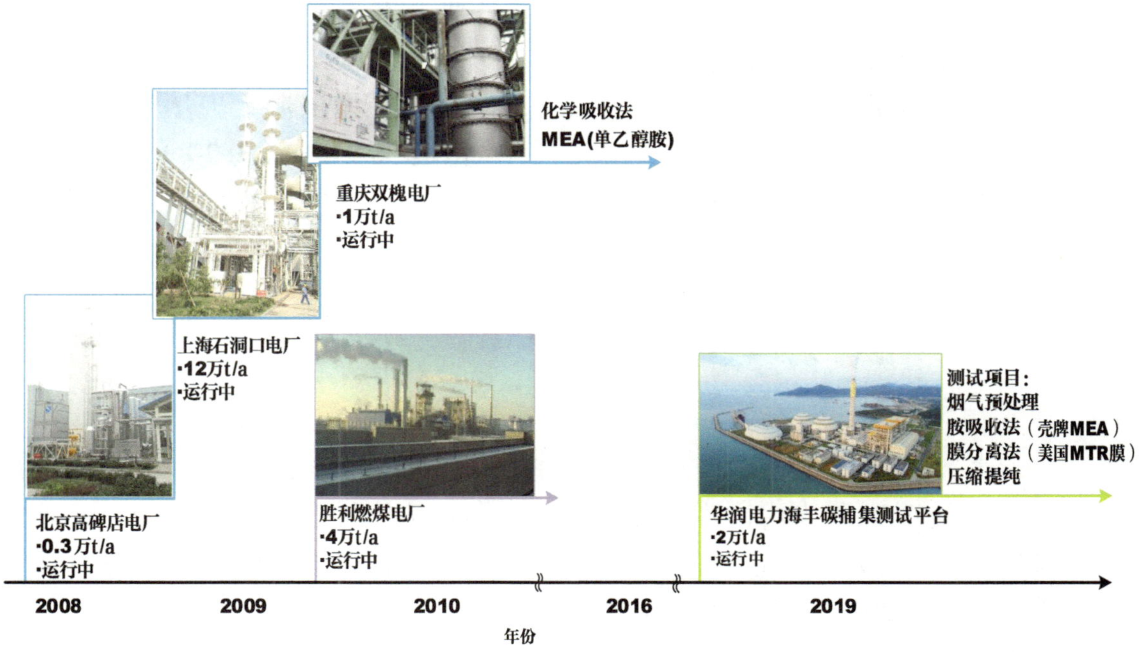

图 2-7　燃烧后捕集项目规模和年表

2.2.2 燃烧前捕集

中国燃烧前捕集技术包括整体煤气化联合循环发电（IGCC）和工业分离两大类。国内 IGCC 项目有华能天津 IGCC 项目以及连云港清洁能源动力系统研究设施项目。华能天津 IGCC 项目于 2012 年 11 月投产，二氧化碳捕集设施于 2018 年投产，捕集量为 6 万 t/a，目前正在运行中，是全世界连续运行时间最长的 IGCC 机组。

中国典型的工业分离项目类型包括煤制油、煤制气、天然气处理、水泥生产、甲醇生产、化肥生产。除了胜利油田的二氧化碳来源于燃煤电厂的燃烧后捕集以外，其他油田的二氧化碳均来源于工业分离，当前单体最大规模的工业分离项目是中原油田 CO_2-EOR 项目，捕集量达 35 万 t/a，合计规模最大的碳捕集来源为天然气净化，总量达 50 万 t/a（图 2-8）。

2.2.3 富氧燃烧捕集

富氧燃烧捕集技术在国际上大多还处于研发当中，中国华中科技大学自 1995 年起开始实验室微型试验，2014 年在湖北应城建成 10 万 t/a 捕集装置，2016 年完成 100 万 t/a 二氧化碳捕集的可行性研究。已建成的 10 万 t/a 捕集装置未能开展正常的热态调试和示范运行。

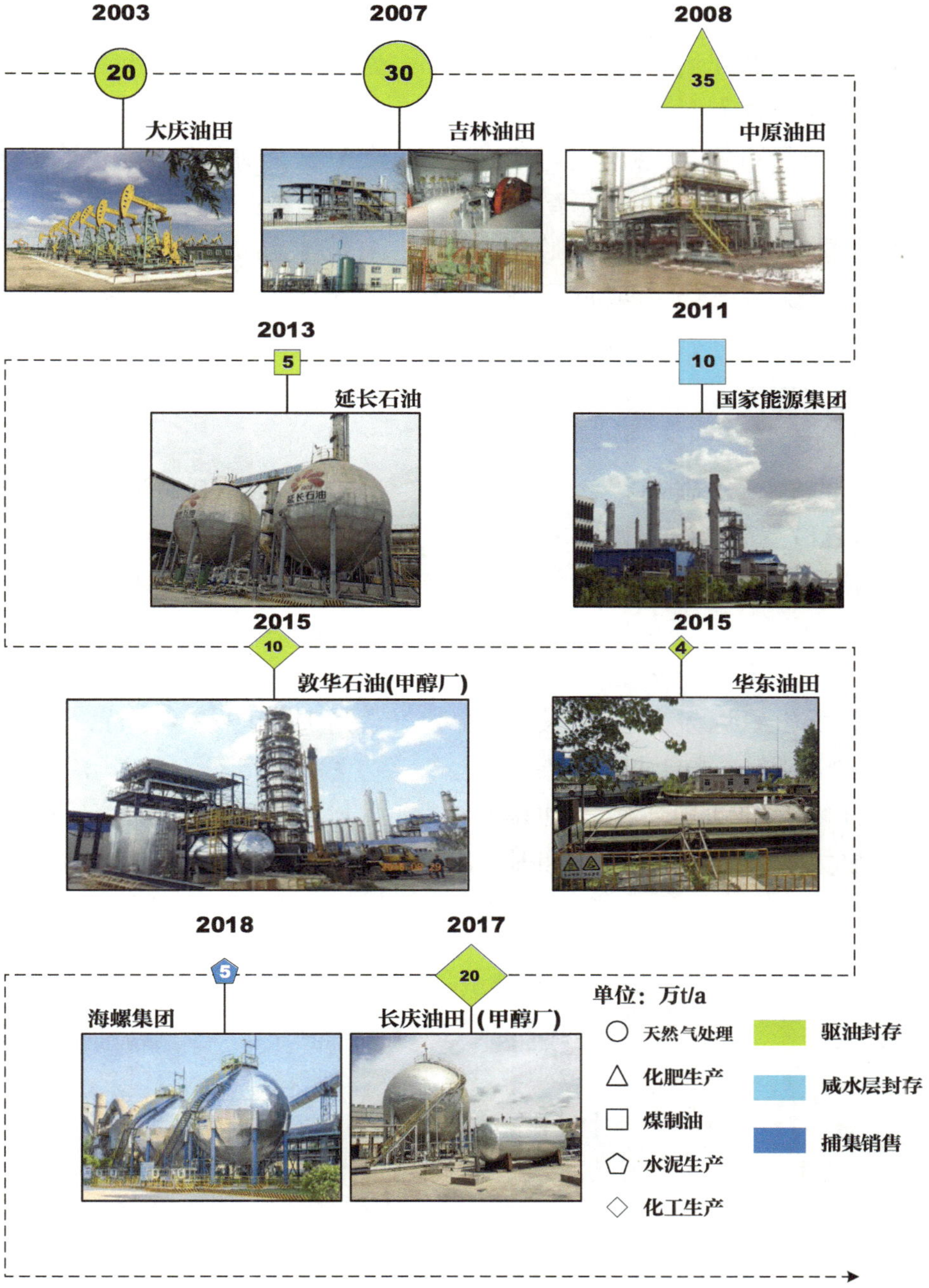

图 2-8 中国二氧化碳工业分离项目

2.3 地质利用与封存

中国的地质利用和封存项目以提高石油采收率为主要目标，主要围绕几个油气盆地开展，包括东北松辽盆地、华北渤海湾盆地、西北鄂尔多斯盆地和准噶尔盆地。驱替煤层气技术项目目前处于先导试验阶段，由中联煤层气有限责任公司（以下简称中联煤）在沁水—临汾盆地的柳林和柿庄开展。二氧化碳铀矿地浸开采技术已成熟，中国核工业集团在通辽进行了工业应用。

2.3.1 二氧化碳驱提高石油采收率（CO_2-EOR）

中国的二氧化碳驱提高石油采收率项目在国内 3 个规模较大的石油公司——中国石油天然气集团有限公司（以下简称中石油）、中国石油化工集团有限公司（以下简称中石化）以及陕西延长石油（集团）有限公司的油田开展，包括中石化胜利油田、中原油田和中石油大庆、吉林、新疆和长庆油田。

吉林油田的注气产油比约为 4.67 ：1，即注入 4.67 t 二氧化碳能够产出 1 t 油，胜利油田的注气产油比约为 2 ：1。新疆油田二氧化碳注入量为 5 万～ 10 万 t/a，产油量为 1.4 万～ 3.9 万 t/a，注气产油比约为（2.56 ～ 3.57） ：1。截至统计日期，华东油田累计注入二氧化碳 40 万 t，产油 13 万 t，注气产油比约为 3.07 ：1（图 2-9～图 2-11）。

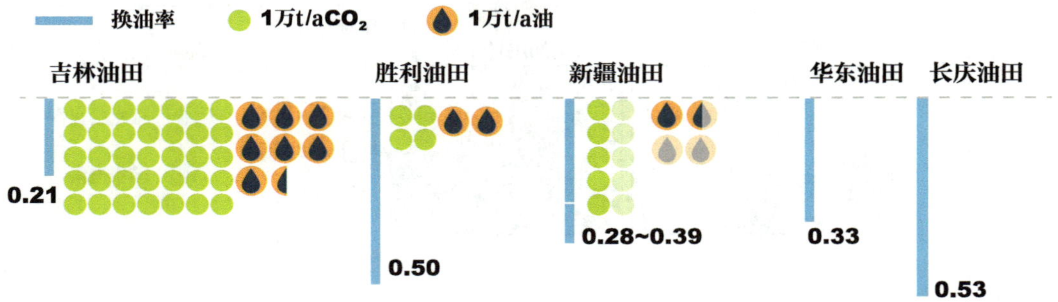

图 2-9　二氧化碳年注入量与石油年产量

图 2-10　中石油吉林油田二氧化碳注入井和采油井

井口注入相	液态	液态	超临界	液态
最大井口注入压力/MPa	30	19.7	20	13
平均井口注入压力/MPa	15	16.1	18	9
井口注入温度/℃	1~20	-17	38	-20
注入CO_2 浓度/%	98	99.99	99.9	99.8

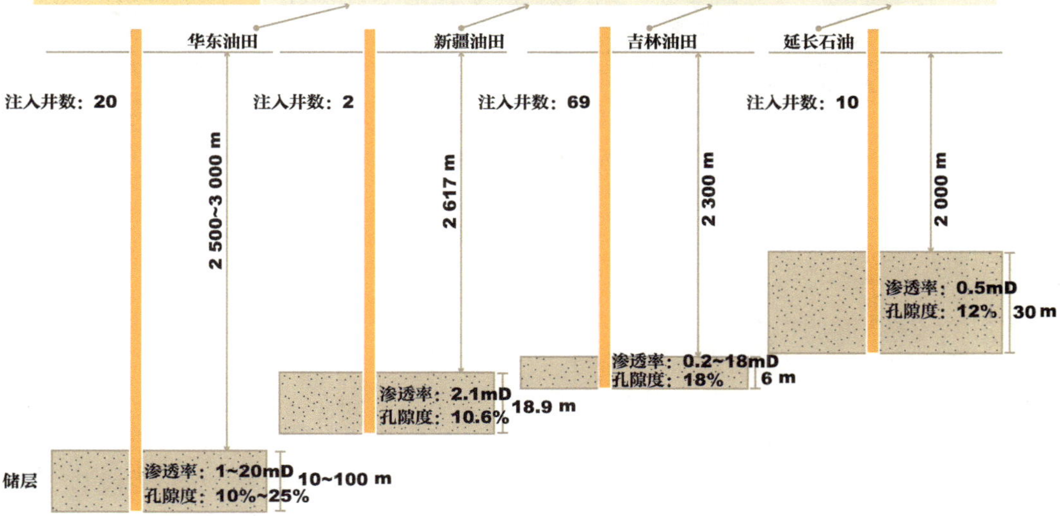

图 2-11　典型 CO_2-EOR 项目基本参数

2.3.2 二氧化碳驱替煤层气（CO_2- ECBM）

二氧化碳驱替煤层气技术目前处于先导试验阶段，中联煤联合阿尔伯塔研究院、澳大利亚联邦科学与工业研究组织（CSIRO）、中国科学院武汉岩土力学研究所等单位，自 2004 年起在沁水—临汾盆地的柳林和柿庄开展了一系列试注与监测研究（图 2-12）。

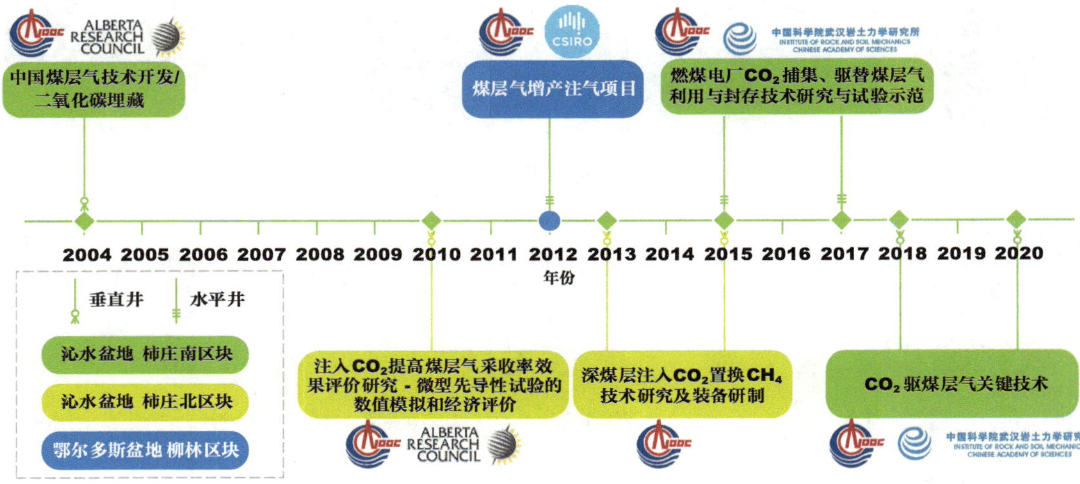

图 2-12 中国 CO_2–ECBM 先导 / 示范试验

2.3.3 咸水层封存

国家能源投资集团有限责任公司（神华）煤制油分公司深部咸水层二氧化碳地质封存示范工程 [以下简称国家能源投资集团（神华）CCS 示范工程]，是中国首个也是世界上规模最大的全流程煤基二氧化碳捕集和深部咸水层地质封存示范项目（图 2-13）。

工程位于内蒙古鄂尔多斯市伊金霍洛旗东南约 40 km 处。示范工程于 2011 年 5 月 9 日实施注入实验，2015 年停止注入，截至 2015 年年底，完成 30 万 t 二氧化碳注入目标。

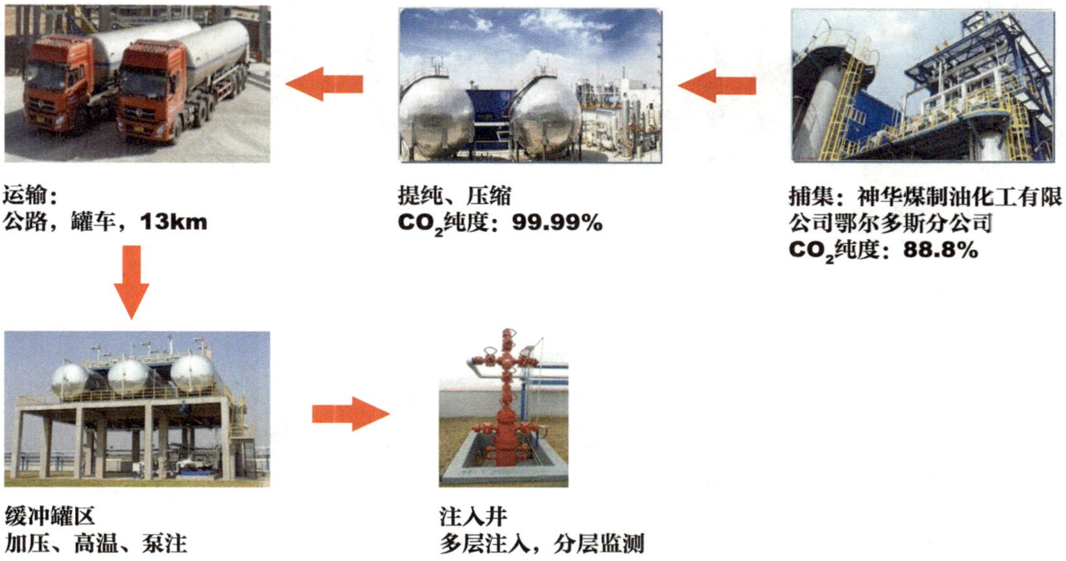

图 2-13　国家能源投资集团（神华）CCS 示范工程全流程示意图

示范工程的二氧化碳是从煤制氢装置变换单元的尾气中截流后，经气液分离、除油、脱硫、净化、精馏等工艺，将纯度为 88.8% 的二氧化碳提纯至 99.99% 以上获得的。用低温罐车将二氧化碳运至封存区，首先导入缓冲罐内，再经加压、加热后注入地下（图 2-14）。缓冲罐、注入井、监测井内压力、温度等监测数据实时传输至综合办公楼内。

图 2-14　国家能源投资集团（神华）CCS 示范工程封存区全貌

2.4　化工利用与生物利用

越来越多的技术被纳入 CCUS 体系中，包括化工利用、生物利用、物理利用等。化工利用的产品包括材料、燃料、化学品等；生物利用的产品包括燃料、化学品、食品、饲料和肥料等。整体上，化工利用和生物利用的二氧化碳利用量较少。

2.5　成本

在 CCUS 捕集、输送、利用与封存环节中，捕集是能耗和成本最高的环节。二氧化碳排放源可以划分为两类：一类是高浓度源（如煤化工、炼化厂、天然气净化厂等），另一类是低浓度源（如燃煤电厂、钢铁厂、水泥厂等）。高浓度源的捕集成本大大低于低浓度源的捕集成本。

中国当前燃烧后捕集技术最为成熟，已进入工程示范阶段，主要应用于属于低浓度源的燃煤电厂。华能集团所属工程二氧化碳捕集成本约为 300 元 /t，2019

年投产的华润海丰碳捕集测试平台成本为 500 元 /t。富氧燃烧捕集仅华中科技大学在燃煤电厂开展了小试与中试，成本分别为 900 元 /t、780 元 /t。

国内二氧化碳输送主要采用罐车运输，成本为 0.9 ～ 1.4 元 /（t·km）。吉林油田采用管道输送，输送距离约为 20 km，成本为 0.3 元 /（t·km）。

中石油长庆油田二氧化碳运输罐车见图 2-15。

图 2-15　中石油长庆油田二氧化碳运输罐车

国内唯一的咸水层封存项目——国家能源投资集团有限责任公司（神华）煤制油分公司深部咸水层二氧化碳地质封存示范工程，其二氧化碳来自煤制油，采用罐车运输，全流程成本为249元/t。驱油封存技术的成本因技术水平、油藏条件、气源、源汇距离等不同，成本差异较大，全流程成本为120～800元/t（图2-16）。驱油封存项目实现封存二氧化碳的同时提高石油采收率，额外采出的原油可以为CCUS项目提供一定的经济回报，具体回报率与油价相关。

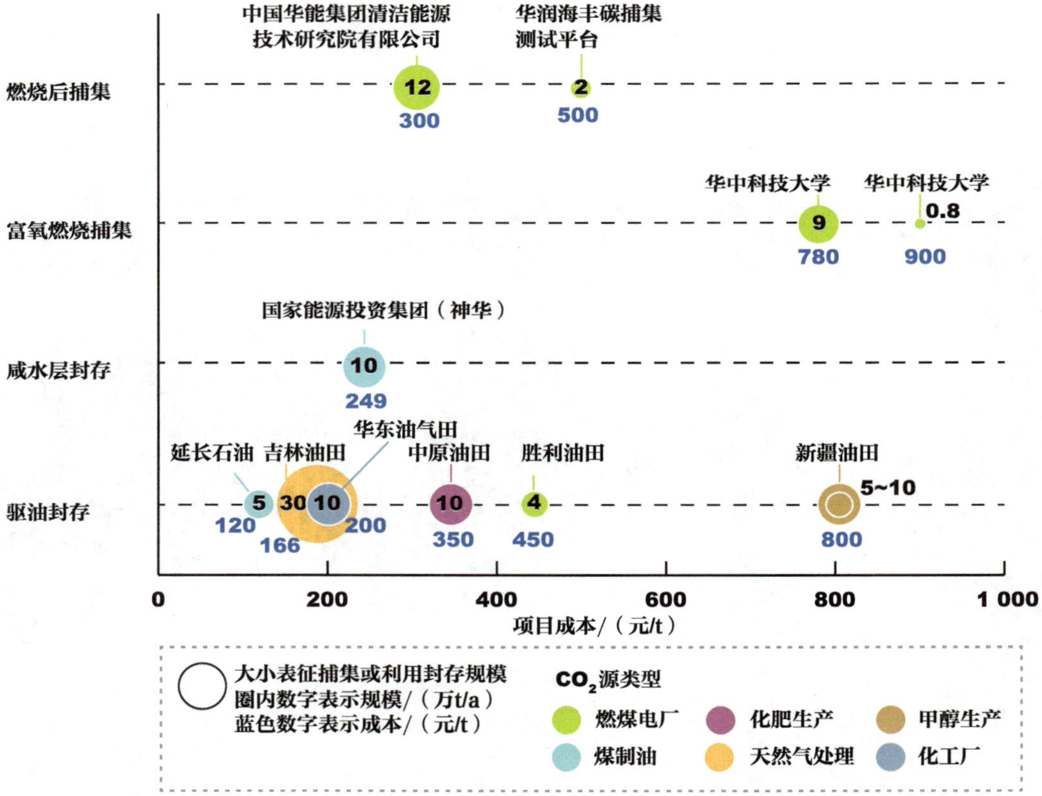

注：数据来自企业。

图2-16　典型CCUS项目成本

图 2-16 中吉林油田的成本指的是来自气田的超临界注入成本，不同气源以及注入相态的总注入成本差距较大（表 2-1），其中外购气的成本最高。

表 2-1　吉林油田不同气源、不同注入方式的注入成本

气源及注入模式		CO_2 气源外购或处理成本 /（元 /t）	注入成本 /（元 /t）	总注入成本 /（元 /t）
外购二氧化碳	液相注入	650.00	32.22	682.22
二氧化碳气井气	液相注入	99.41	32.22	131.63
	超临界注入	56.08	62.58	118.66
气田捕集的二氧化碳	液相注入	158.59	30.80	189.39
	超临界注入	102.38	63.91	166.29

以上数据为吉林油田 CCUS 项目的实际运行成本，最大规模的项目为吉林油田 30 万 t/a 的驱油封存项目。对于更大规模的 CCUS 项目的成本，仅能通过研究测算得出。

根据中英（广东）CCUS 中心的研究成果，以宝钢湛江钢铁厂为例，实施年捕集规模 50 万 t 的 CCUS 项目，在距离该钢铁厂 100 km 以内的北部湾盆地进行离岸封存，经济评价结果显示二氧化碳减排成本为 448 元 /t，该规模的钢铁行业 CCUS 项目整体投资需求为 3.6 亿元。而在华润电力海丰电厂实施百万吨碳捕集与离岸封存项目，二氧化碳减排成本达到 396 元 /t。

3 中国 CCUS 典型项目调研 >>>>

3.1 中石油吉林油田 CO_2-EOR 项目

中石油吉林油田 CO_2-EOR 先导试验区于 2008 年 4 月建成，标志着中国第一个 CO_2-EOR 项目示范区的正式建立。吉林油田 CO_2-EOR 项目是中国第一个全流程 CCUS 项目，其气源为中石油长岭气田，通过管道运输至与之相距仅十几千米的驱油示范区。自 2008 年陆续建成投产了黑 59、黑 79 南、黑 79 北小井距、伊 59 及黑 46 等 5 个驱油封存试验区，注气井组共 69 个，年产油能力达到 12 万 t，年封存二氧化碳能力为 30 万 t，目前累计注气 145 万 t，累计增油 13 万 t。中石油吉林油田 CO_2-EOR 项目已实现伴生气中二氧化碳回收循环注入，达到二氧化碳零排放的目的。

（1）二氧化碳捕集采用伴生气分离技术，技术成熟且成本相对较低，但是成本更低的密相注入技术亟须研发

长岭天然气处理厂是中石油第一座含二氧化碳天然气净化处理厂，具有集气、脱碳、脱水及二氧化碳压缩、储存等多种功能，二氧化碳日捕集能力为 1 500 t。由于气源与封存场地距离十几千米，采用管道运输二氧化碳，运输价格约为 0.3 元 /（t·km）。目前吉林油田注入方式有液相注入和超临界状态注入两种，气井气液相注入的成本约为 130 元 /t，超临界状态注入的成本约为 120 元 /t；伴生气液相注入的成本约为 190 元 /t，超临界状态注入的成本约为 170 元 /t，超临界状态注入成本低于液相注入成本。

中国石油吉林油田二氧化碳吸附塔

（2）建立多种类型驱油与封存示范区，逐步推进工业化规模应用，但存在碳源单一的问题，亟须解决二氧化碳源的跨界交易问题，跨行业社会效益有待提高

吉林油田先导试验区最初采用“液态注入＋水驱”的方式采油，封存量达 50 万 t。之后陆续建成了水驱转二氧化碳驱扩大试验区，目的为验证水驱油藏实施 CO_2-EOR 技术的潜力；2012 年建成黑 79 北小井距扩大试验区，旨在加快节奏、提高采收率，其油藏渗透率仅有 4.5 mD，混相压力 PO/MMP 为 23.6/22.1 MPa，含水程度高达 93.1%，采出程度仅有 25%。注入井共 10 口，采油井 27 口，日注二氧化碳能力为 600 t。与水驱相比，采收率可提高 20%，核心区采收率可提高 25%，采出程度可提高 15.6%，二氧化碳阶段封存率高达 95%；2014 年 7 月，建成伊 59 水敏储层试验区，旨在探索水敏储层二氧化碳驱采收率提高幅度；2014 年 10 月，建成黑 46 二氧化碳混相驱试验区，为推广工业化规模应用奠定基础。目前，吉林油田碳源主要是天然气伴生气，碳源单一，主要解决了油田内部的碳排放问题，没有辐射到油田周边较大的碳排放企业，与其他碳排放源企业没有形成跨行业协作，规模化减排作用有待提升。

（3）吉林油田具备完备的 CO_2-EOR 技术的硬件设施和软实力，其陆相低渗透油藏二氧化碳增采工业技术和先进经验有待推广

通过 10 多年的试验，吉林油田依托国家重大科技专项、中石油重大科技专项和重大开发试验，形成了 5 项关键工程技术：二氧化碳驱低成本防腐技术、多元组合注采调控技术、高气油比油井举升技术、全流程地面工程技术和安全环保管控技术。建成国家能源 CCS-EOR 技术研发（实验）中心和中石油二氧化碳驱油与埋存试验基地，具备二氧化碳腐蚀评价、岩心评价、流体评价及二氧化碳封存状况监测等实验评价及技术研发能力。其 CO_2-EOR 技术已经在长庆、海南等油田进行应用。

3.2 中石油新疆油田 CO_2-EOR 项目

为解决老油田含水高、采出程度低，新油田低渗、特低渗占比大，亟待改变开采方式的问题，新疆油田于 2009 年开始，开展了准噶尔盆地二氧化碳驱油、封存潜力评价等 CO_2-EOR 先导性试验。自 2012 年以来，相继通过二氧化碳吞吐、二氧化碳驱油以及致密油二氧化碳蓄能压裂等方面的增产措施和提高采收率试验，累计注入 5.6 万 t 二氧化碳，增油 4.7 万 t，节约蒸汽 2.37 万 m^3，取得了较好的生产效果。

（1）新疆油田 CO_2-EOR 项目的二氧化碳通过高纯度化工尾气分离获得，捕集技术先进，但是捕集成本较高，碳封存驱油前期投入大

作为全流程项目，新疆油田 CO_2-EOR 项目捕集和封存流程均与外部企业合作完成，其气源为克拉玛依石化公司产生的工业尾气，由民营企业新疆敦华石油技术有限公司进行捕集，后者通过对克拉玛依石化公司的制氢装置进行改造，建成了 10 万 t/a 二氧化碳捕集液化装置，对克拉玛依石化公司甲醇厂天然气制氢产生的驰放气进行捕集液化，获得高纯度二氧化碳。二氧化碳初始浓度为 41%，经液化分离后纯度高达 99.96%。捕集的二氧化碳供给新疆油田公司采油一厂、采油二厂、百口泉采油厂、准东油田、石西作业区、陆梁作业区、重油公司等 10 个厂区进行二氧化碳驱油封存。2013 年至 2019 年 7 月，累计注入二氧化碳 13.95 万 t，实现了 60% 以上的二氧化碳封存。但是限于技术和合作机制等因素，目前二氧化碳捕集成本仍然高达 600 ～ 800 元 /t，而对于二氧化碳驱油先导试验而言，前期的投入巨大，虽然驱油效果明显，但是二氧化碳驱油采收率提高所带来的效益与成本持平，企业获利不多。

（2）先导试验类型多样，技术难度大，驱油效果显著，但是封存成效不显著

依据油藏地质条件评估结果，新疆油田针对实际油藏类型开展多种二氧化碳驱油先导试验。通过综合考虑二氧化碳混相能力、油藏地质参数、开发参数及气源等方面因素建立了新疆油田二氧化碳混相驱油藏筛选标准，在此基础上筛选出适合的区块进行先导试验，目前取得进展的有八区530井区、玛湖凹陷玛18/玛131井区和克拉玛依油田九6区。但是目前仅八区530井区东部克下组砾岩油藏二氧化碳混相驱先导试验封存成效显著，于2012年开始注气，单井日注入20～30 t，累计65万t，封存率为83%，形成10万t二氧化碳年注入规模。其他区块先导试验，如玛18井区注气量为120 t/d，玛131井区为150 t/d，二氧化碳驱油作为复合驱油方法中的一种，采用同步和异步吞吐方式注气开采，注入量小，封存效率并不高。

新疆敦华石油二氧化碳捕集装置

（3）新疆石油、煤炭资源丰富，化工企业多，具有发展CCUS项目的良好源汇匹配条件，但是如何形成多方共赢的商业合作模式有待进一步探索

新疆油田的复杂地质条件和油田开发的进程决定了其实施CO_2-EOR技术的迫切性，同时，新疆发达的煤化工、石油化工产业造成了其排放大户的处境，化工企业面临减排的压力；这形成了新疆发展CCUS项目良好的源汇匹配条件。目前新疆油田作为封存端，其二氧化碳由民营企业从克拉玛依石化公司购买并依托企业自主研发的分离技术提纯，获得高纯度二氧化碳进行驱油，如何实现气源方（克拉玛依石化公司）—捕集方（敦华石油）—封存方（新疆油田）三方利益共享、责任分担，是目前新疆石油CCUS项目面临的一大难题。

3.3 华润电力海丰电厂 CCUS 示范项目

华润电力海丰电厂 CCUS 示范项目二氧化碳捕集装置于 2019 年 5 月正式投产，标志着中国首个也是亚洲第一个基于超临界燃煤电厂的燃烧后碳捕集示范项目建成。项目集测试平台区、二氧化碳储存区、化学实验室以及技术与国际交流中心于一体。

华润电力海丰电厂 CCUS 示范项目全貌

（1）碳捕集技术采用胺法和膜法两套技术，技术先进但成本较高，亟待进一步优化以降低成本

华润电力海丰电厂 CCUS 项目一期选择胺液吸收和膜分离碳捕集技术作为平台第一批测试的技术，胺液吸收与膜分离单元以并行方式建设，两种方法可以在碳捕集测试平台上同时进行测试。胺法部分的工艺流程主要由吸收和再生两个部分组成，最后可得到99%（干基）纯度的二氧化碳气体，日捕集能力为 50 t/d。膜分离法主要依靠膜对烟气中气体分子的选择性和渗透率的不同来分离、提纯二氧化碳，通过三级膜分离，最后可得到 95% 纯度的二氧化碳气体，每天可捕集 16.4 t 二氧化碳。目前华润海丰测试平台主要解决了多线程碳捕集技术的并行测试问题，但其核心技术——胺液吸收技术和膜分离技术分别采用荷兰壳牌与美国 MTR 公司的技术，技术成熟但成本均较高，不利于规模化应用，亟须进一步为成熟技术探寻降低成本的方案，促进创新技术的规模应用。

（2）测试优化捕集技术，逐步推进规模化工业应用，但存在捕获后的利用和封存问题，亟须推进二氧化碳的多行业交易、利用与封存减排问题的解决，经济和社会效益有待提高

通过测试平台运行与研发，优化捕集技术，项目一期旨在测试并挑选出最适合海丰电厂的碳捕集技术，为后续的项目二期（华润海丰电厂百万吨级 CCUS 示范项目），以及其他大规模碳捕集与封存示范及工业应用项目提供技术支持。碳捕集测试平台成功运行，二氧化碳源已经具备，目前可通过压缩纯化系统加工成食品级液态二氧化碳，但缺乏二氧化碳的后续利用与封存减排措施，尚未与周边其他企业形成多行业、跨行业协作的格局，在推进规模化减排、提高经济和社会效益方面有待进一步加强。

（3）华润电力海丰电厂具备 CCUS 技术的硬件设施和软实力，亟须进一步推进利用碳源开展海水微藻养殖以及临近油藏 CO_2-EOR 技术工业一体化应用

华润海丰 CCUS 项目已被广东省政府确认为省级 CCUS 示范项目，已建成碳捕集测试平台、化学实验室以及技术中心，具备二氧化碳捕集、分离、储存及相关实验评价、测试和技术研发能力。海丰电厂毗邻南海，具有利用二氧化碳进行海水微藻养殖的天然条件，同时与南海北部油田有很好的源汇匹配关系，未来可以进一步考虑利用二氧化碳驱油技术提高海上油藏采收率以及地质封存减排效率，建立多种二氧化碳利用与封存减排产业园和示范区，推动CCUS一体化工业应用，为中国化石能源低碳转型提供支持。

3.4 中石化华东油气田 CCUS 全流程示范项目

中石化华东油气分公司位于苏北平原，地跨江苏省盐城、淮安、南通等 6 个地市的 11 个县区。勘探开发区块位于东北部的苏北—南黄海盆地，该沉积盆地为长三角区域的二氧化碳排放提供了一个深部咸水层和油气田的大型地质封存地点。其中，真武、花庄、帅垛、草舍和海安 5 个油田为区域 CCUS 项目的大规模碳捕集提供了封存场所。中石化华东油气分公司依托上述油田，自 1987 年开始，率先在该区域开展了二氧化碳驱油试验，并于 2005 年开始了草舍泰州组低渗油藏 CCUS-EOR 先导项目，从 2012 年开始，推广应用 CO_2-EOR 技术，已建立 14 个 CCUS-EOR 开发单元，实现年注入二氧化碳大于 10 万 t 的驱油封存规模化应用。二氧化碳累计注入 40 万 t，累计增油 13 万 t（图 3-1）。

图 3-1 中石化华东油气田二氧化碳地质封存现场

（1）驱油、封存技术成熟，但是封存后监测技术有待提高

华东油气分公司开展了包括单井吞吐、非混相驱油等多种驱油试验，形成了二氧化碳室内物模实验技术、陆相油田二氧化碳驱选区评价技术、二氧化碳驱方案设计跟踪调整优化技术、二氧化碳混相驱判别技术及中高渗油藏非混相驱技术等5项油藏技术，采集工艺、净化工艺等6项配套工艺，目前已形成9个二氧化碳开发单元，成为油田稳产的保障，实现了驱油和封存一体化效益。但是目前尚存在注入后监测体系不完备、监测技术落后的问题。

（2）发达的水系创造了便利的漕运条件，同时密集的人口分布增加了管网建设的难度

在距离油田大约150 km的地方有中石化南京化工公司的高浓度二氧化碳气源，该公司目前建成了规模为5万t/a的示范装置，通过船舶运输的方式将二氧化碳输送到油田。二期计划建成50万t/a一体化CO_2-EOR示范项目，计划通过管道将二氧化碳运输到真武、花庄、帅垛、草舍和海安等5个区块的油田。计划三期建成规模为100万t/a的项目。但是管网运输作为未来实施大规模地质封存的必要条件，在人口密集的长三角地区开展难度较大，这也是华东油气田面临的一个难题。

（3）长三角发达的工业体系造就了潜在气源量大、面广的局面，但是跨行业合作模式和盈利机制有待开发

江苏是工业大省，围绕封存区的主要燃煤电厂有22家，与苏北油田平均距离仅为130 km，此外，距离泰州油田200 km的范围内集中了沙钢、永钢、中天钢铁等多家钢铁企业，捕集这些钢铁企业在钢铁生产过程排放的二氧化碳将有利于钢铁行业的低碳发展。这些钢铁基地为CCUS项目提供了充足的二氧化碳气源。然而，钢铁生产过程排放的烟气含二氧化碳浓度较低、成分复杂，导致捕集成本比较高，且企业间如何形成长效且盈利的合作模式是排放企业更加关注的焦点问题。

4 中国 CCUS 科学研究 >>>>

4.1 中国 CCUS 专利

根据国家知识产权局专利数据库三类关键词检索（图 4-1），中国首项 CCUS 发明专利于 1997 年公开，在之后的 10 年间，相关专利极少，总共不超过 10 项。2006 年，国家首次发布 CCUS 相关政策。2008 年，中国首个燃煤电厂二氧化碳捕集示范项目华能北京高碑店电厂投运。自此，中国每年 CCUS 发明专利数量不断增长。“十二五”规划期间，中国出台了一系列政策以推动 CCUS 技术的发展，并投入了大量资金以支持 CCUS 技术研发与工程建设。2015 年，CCUS 发明专利超过 2013 年、2014 年的总和。自 2015 年之后，相关政策出台数量减少，专利数量在 2016 年随之减少，但之后还是呈现整体上升的趋势。

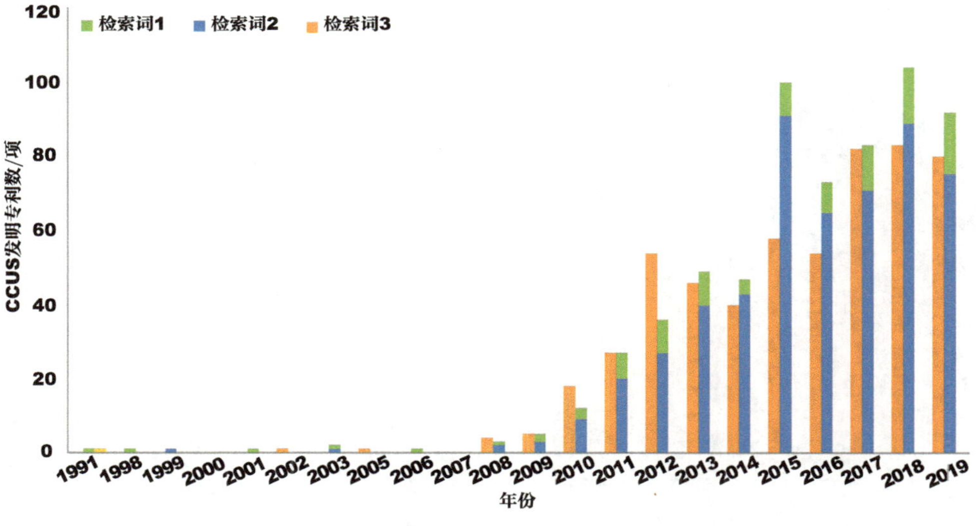

图 4-1　中国 CCUS 发明专利（检索日期：2020 年 1 月 3 日）

检索词 1：二氧化碳利用

检索词 2：二氧化碳封存或二氧化碳捕集或 CCUS

检索词 3：检索词 =(carbon and dioxide and capture and utilization and storage) 或检索词 =(carbon and dioxide and Capture) 或检索词 =(carbon and dioxide and sequestration)

注：数据为在中国申请的 CCUS 专利数，包括其他国家在中国申请的专利。

根据CCUS专利词频分析（图4-2），中国CCUS专利主要集中在捕集方面，主要涉及吸附剂/吸收剂材料的制备、捕集装置研发以及捕集工艺优化等，捕集对象主要涉及燃煤电厂烟气排放和天然气开采等环节。捕集环节成本是CCUS成本的重要组成部分，上述词频分布反映出目前大多数专利主要集中在探索二氧化碳捕集源并降低捕集能耗和捕集成本等方面。少量专利集中在二氧化碳地质利用和封存环节，在CCUS全产业链商业化发展背景下，这些专利发展潜力较大，尤其是燃煤电厂烟气捕集的专利。在技术领域分布方面，前5个领域为：①一般的物理或化学的方法或装置（34.29%）；②无机化学（15.77%）；③石油、煤气及炼焦工业，含一氧化碳的工业气体、燃料、润滑剂和泥煤（5.2%）；④燃烧设备和燃烧方法（4.44%）；⑤土层或岩石的钻进和采矿（3.67%）。

图4-2　CCUS专利词频分析（检索日期：2020年1月3日）

4.2 中国 CCUS 研究文献

中国作者较早发表的与 CCUS 相关的 SCI 文章是二氧化碳利用方面的文章，第一篇有关二氧化碳封存的文章于 2007 年出现，随后文章数量逐年增加，可见国家政策对相关研究产生了推动作用。整体上，文章数量自 2009 年迅速增加，主要原因是中国政府将碳减排列入国家发展规划，并且对世界做出了碳减排的庄严承诺，国家和企业逐渐加大对碳减排的投入，CCUS 作为大规模碳减排技术逐渐受到重视，相关研究的数量迅速增加。2008—2019 年，文章数量年增长率为 24%（图 4-3）。

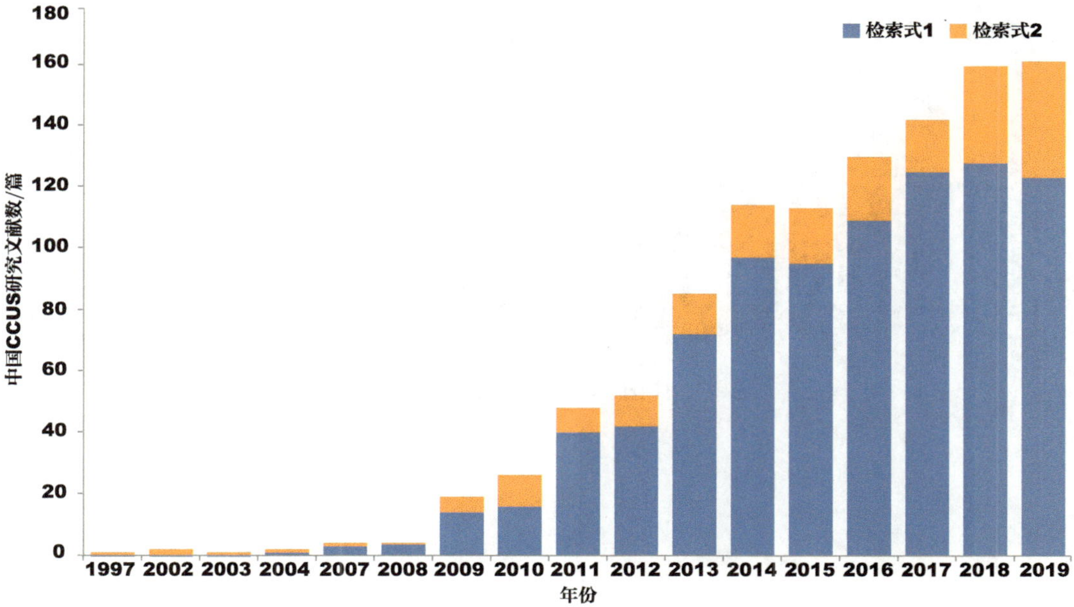

图 4-3　中国 CCUS 研究文献数量的年际分布

检索式 1：TS=["carbon capture utilization and storage" or " carbon capture usage and storage " or (carbon and CCUS) or ("carbon" and CCS) or "carbon capture and storage"] and CU=China；

检索式 2：TS=("carbon usage" or "carbon utilization") and CU=China

检索日期：2020 年 1 月 3 日，数据库：Web of Science (SCI)

根据词频分析（图 4-4），排除“capture”“storage”等 CCUS 固定词汇，其他的热词包括电力、煤、强化、能源、排放、模型、发展等，说明除 CCUS 技术本身外，其对能源结构转型、行业减排和可持续发展等方面的附加影响也逐渐成为相关学者的研究重点，这进一步体现了 CCUS 技术作为能源领域重要减排技术手段的地位。

图 4-4　中国 CCUS 研究文献摘要词频分析

5 中国 CCUS 技术现状和商业模式

5.1 技术现状

中国作为负责任的发展中大国，郑重承诺2030年实现碳排放达峰，但是短期内中国以煤炭为主的能源结构无法改变，因此，CCUS技术作为具有巨大潜力的可以实现化石能源低碳利用的有效技术，近年来受到了广泛关注，无论是在宏观规划、技术研发、推广应用，还是国际合作方面都取得了显著成果。

（1）中国政府围绕二氧化碳捕集、利用与封存等相关基础研究、技术研发与示范进行了系统部署，开展了一系列工作

重点部署了CCUS关键技术研发项目，设置了“煤炭清洁高效利用和新型节能技术”国家重点专项；发布了《“十二五”国家碳捕集利用与封存科技发展专项规划》以及2011版和2019版中国CCUS技术路线图，在全面评估中国发展CCUS技术条件的基础上，明确了不同阶段的技术定位、发展目标和研发政策；联合高校、企业、科研院所等组织机构成立了“二氧化碳捕集利用与封存产业技术创新战略联盟”，探索创建了政产学研结合的研发示范与经验交流平台。

（2）中国企业积极开展CCUS技术研发与示范活动，获得了较大进展

中国华能集团研制出了中国首个燃煤电厂二氧化碳捕集装置，并建成世界首个规模为12万t/a的燃烧后碳捕集工业系统并稳定运行10年以上；国家能源投资集团有限责任公司（神华）煤制油分公司于2008年开展了中国首个10万t级咸水层封存示范工程，提前完成30万t二氧化碳注入目标；吉林油田已建成53km的二氧化碳运输管道，二氧化碳年封存能力为40万t；中石油、中石化、延长石油等公司在不同油田进行5万～10万t/a二氧化碳驱提高石油采收率的工程试验。

（3）中国不断加强国际合作交流

与欧盟和美国共同发布的中欧、中美联合声明中，CCUS技术均被列入重要合作领域之一，相继成立了中英（广东）CCUS中心和中美清洁能源联合研究中心；与国际能源署（IEA）、碳收集领导人论坛（CSLF）、创新使命部长级会议（MI）、清洁能源部长级会议（CEM）、全球CCS研究院（GCCSI）等国际组织开展了广泛合作；积极参与国际标准制定，与欧盟、美国、澳大利亚、加拿大、意大利等地区和国家围绕CCUS开展了多层次的双边、多边科技合作。

中国CCUS各环节主要技术发展迅速，多种新技术类型不断涌现。

从捕集环节来看，部分技术已达到或接近达到商业化应用阶段，当前，第一代捕集技术*成本能耗仍然偏高，缺乏广泛大规模示范工程经验，第二代技术处于实验室研发或小试阶段，需在2035年前后实现代际衔接。

从运输环节来看，二氧化碳陆路车载运输和内陆船舶运输技术已成熟，二氧化碳陆地管道输送技术是最具应用潜力和经济性的技术，中国已完成100万t/a输送能力的管道项目的初步设计，正在制定相关设计规范，海底管道输送技术尚处于概念研究阶段。

从利用环节来看，化工利用取得较大进展，整体处于中试阶段，部分技术如重整制备合成气技术、合成可降解聚合物技术、合成有机碳酸酯技术等完成了示范，生物利用产品附加值高、经济效益好，目前转化为食品和饲料的技术已实现大规模商业化，其他技术仍处于研发或小规模示范阶段；地质利用技术相对于化工利用和生物利用来说发展潜力最大，技术也较为成熟，二氧化碳强化石油开采技术（CO_2-EOR）已应用于多个驱油与封存示范项目。

从封存环节来看，中国已完成了全国二氧化碳理论封存潜力评估，陆上地质利用与封存技术的理论总容量为万亿吨以上，陆上咸水层封存技术完成了10万t级规模的示范，海底咸水层封存，

---

* 第一代捕集技术指现阶段已能进行大规模示范的技术，如胺基吸收剂、常压富氧燃烧等；第二代捕集技术指技术成熟后能耗和成本可比成熟后的第一代技术降低30%以上的新技术，如新型膜分离技术、新型吸收技术、新型吸附技术、增压富氧燃烧技术、化学链燃烧技术等（来源：《中国碳捕集利用与封存技术发展路线图（2019版》）。

枯竭油田、枯竭气田封存技术完成了中试方案设计与论证。2011—2018 年各环节主要技术发展状况如图 5-1 所示。

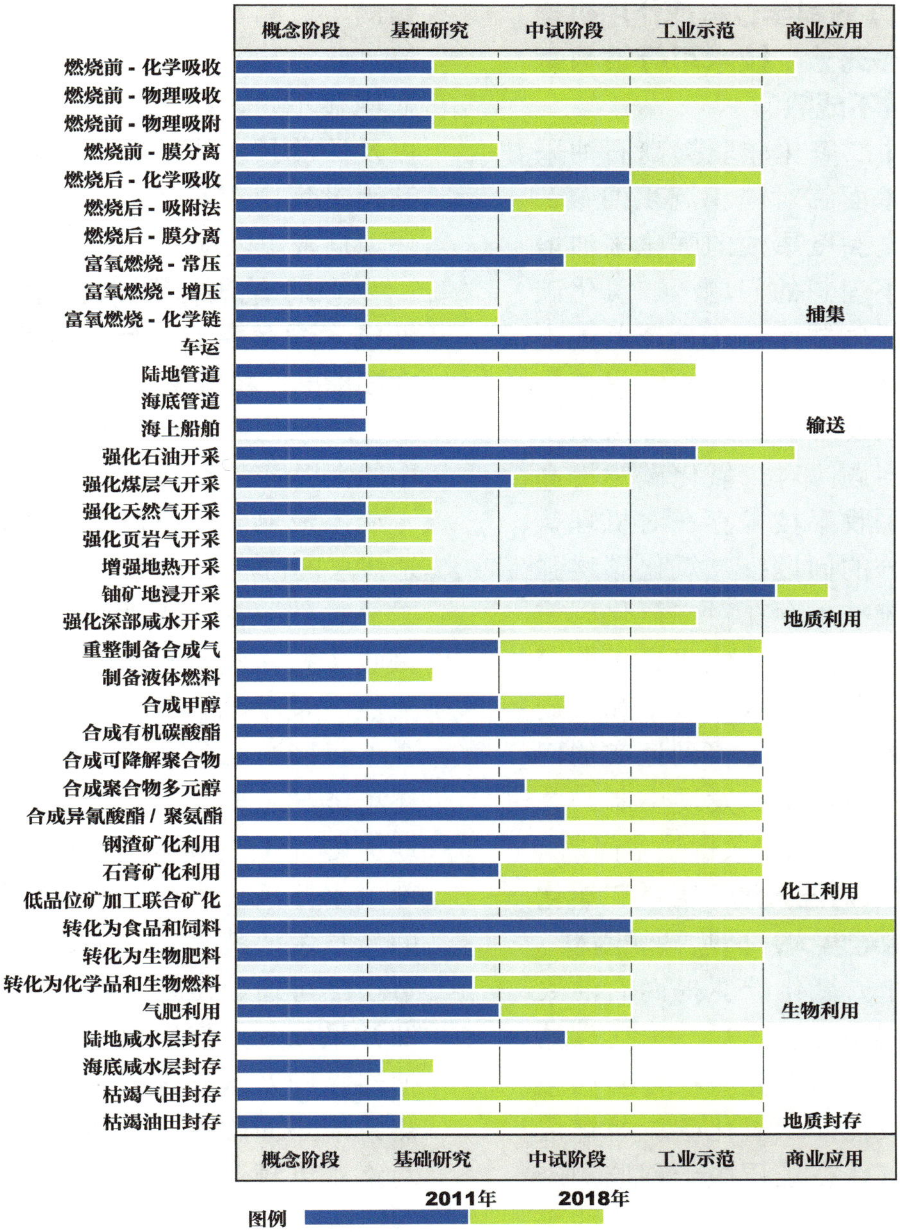

图 5-1 中国 CCUS 技术发展阶段示意图

数据来源：《中国碳捕集利用与封存技术发展路线图（2019 版）》。

目前地质利用技术还面临以下问题：

（1）对科学过程或作用机理认识不够充分，技术可行性与有效性评价不成熟

比如二氧化碳驱提高石油采收率技术面临对陆相沉积油藏、高密度高黏度原油的强化采油增产效果不理想的问题；二氧化碳驱替煤层气技术存在全球范围内大规模试验不多且试验结果差异大、对该技术的适用条件认识不充分的问题；对二氧化碳驱提高页岩气采收率技术存在对机理认识不充分的问题；二氧化碳增强地热系统技术存在对二氧化碳作为导热介质的可行性研究不够深入，以及发电技术的效率和大规模部署的可行性未得到证实的问题等。这些都是在发展中制约二氧化碳地质利用的关键技术问题。

（2）对注入地下后的二氧化碳的监测难度大、风险预测困难

比如二氧化碳驱提高石油采收率过程中对注入后二氧化碳的监测、废弃井泄漏防控与防腐技术尚不成熟；二氧化碳驱替煤层气时对气体在煤层中运移监测难度大，无法满足安全性监测的需求；二氧化碳增强地热系统对压注过程诱发的地震及泄漏风险的预测、监测及控制技术尚不成熟等。监测与验证技术的研发和投入明显不足、技术手段不成熟，以及监测技术成本高等导致地质利用过程中存在泄漏和其他潜在环境危害难以预测和控制。

（3）地质利用过程中的关键性技术没有突破，造成技术无法大规模推广和应用

二氧化碳驱提高采收率过程中的大规模管网输送与井组布置技术尚不成熟；驱替煤层气中低渗透煤层的可注入性尚未实现突破；二氧化碳驱提高天然气、页岩气采收率技术没有解决二氧化碳与天然气过早混合的问题，过早混合不仅影响二氧化碳封存效果，还可能导致天然气的污染，增加地面处理工艺成本和难度等；深部咸水开采技术作为近几年提出的新技术，其大部分关键技术环节虽然可借鉴咸水封存和强化石油开采技术，但需要开发相应的抽注控制及水处理工艺；增强地热系统还面临着热储改造、裂隙网络难以预测、可能导致二氧化碳泄漏或诱发地震等技术难题。

5.2 商业模式

5.2.1 CCUS 融资模式

（1）成本和融资需求

CCUS 是一项流程复杂的技术，涉及二氧化碳的捕获、运输、封存、利用 4 个环节，涵盖电力、石油、运输、煤炭、化工、钢铁、食品等众多行业，具有较长的产业链，产业内各行业间的相关性较强。这样一个庞大的产业集群对资金的需求量很大，资金交叉普遍、关联度高，融资关系复杂。同时，CCUS 项目的各个阶段的互相关联会带来较大的投资风险。CCUS 的发展是一个长期的过程，政府和企业在资金、技术等方面的投资需要具备持久性和稳定性。持久的、大量的资金投入是 CCUS 产业发展的前提。

CCUS 的发展离不开巨额资金的支持，融资的难度取决于技术的成本。根据排放源浓度的不同，对 CCUS 项目的融资需求可以分为两类：①高浓度二氧化碳排放源。由于出口烟气的二氧化碳浓度已经达到较高水平，高浓度二氧化碳的捕集成本低于低浓度二氧化碳排放源的捕集成本。因此，对于高浓度排放源 CCUS 项目，如果可以结合有一定经济回报的二氧化碳利用技术（如二氧化碳驱提高石油采收率），该类项目的融资难度将相对较低。②低浓度二氧化碳排放源。以燃煤电厂为主的低浓度排放源是排放主体，低浓度排放源的捕集成本相对较高，这也是 CCUS 融资的主要障碍。

除成本外，其他的融资障碍还包括：①技术的不确定性。封存环节的地质勘查是 CCUS 技术发展最大的不确定性之一。中国地质条件复杂，地质勘探工作较为薄弱，对二氧化碳封存的信息支持不够，企业也无法对地层结构、储存潜力、封存风险和监测方案等做全面评估，增加了企业经营风险。②缺乏政策指引和激励机制。国家并没有对 CCUS 的发展给出像可再生能源那样的明确发展目标，相关法律法规的真空对企业意味着财务、商誉的多重风险。CCUS 的研发和示范成果在现阶段难以通过商业渠道给投资者带来收益，这使得CCUS技术难以被企业采用，直接降低了企业参与CCUS项目的积极性。③缺乏有效的跨企业协调合作机制。CCUS产业链上几乎囊括了能源生产和消费的各个环节，随之而来的就是庞杂的利益链条之上的多个企业间的合作问题。在现有的市场环境和政策框架下，煤炭、石油、电力、化工等企业之间存在明显的利益分配问题，如果不能合理解决该问题，将极大地降低企业参与的积极性。

（2）现有CCUS项目融资渠道回顾及问题分析

从国际上获得成功的5个CCUS示范项目看（表5-1），其成功的关键，一方面是政府积极参与，包括直接投资和碳税、新能源补贴政策（FIT）等辅助激励政策，这一点在挪威的两个示范项目中体现得比较突出；另一方面是政府与企业良好的合作关系，加拿大的Boundary Dam项目的成功主要因为当地能源公司与政府紧密合作，公众对项目的支持度比较高。而从失败的CCUS示范项目看，导致CCUS示范项目失败最关键的因素在于成本和技术两个方面的不确定性，比如澳大利亚的两个燃烧前捕获的IGCC/CCUS项目都是因为在二氧化碳储存地点选址方面出现失误，造成了成本大大超过项目的预期。同时，政府的角色仍然重要，比如英国Killingholme项目的

表5-1 国际CCUS示范项目典型案例成功因素分析

项目名称	所属国家	类型	政府参与融资及其比例	社会出资	政府激励政策	存在其他经济收益	金融机构参与
Mongstad	挪威	燃烧后	是（75.12%）	3家能源公司参与	发电全额收购	—	否
Snøhvit	挪威	EGR	仅参股	1家私人公司参与	碳税	—	否
Weyburn-Midale	加拿大	EOR	无	12家国际公司共同筹资	无	EGR采收率高	否
Boundary Dam	加拿大	燃烧后	是（19.35%）	SaskPower公司与政府合作	电力市场管制	—	否
Schwarze Pumpe	德国	燃烧后	无	Vattenfall能源公司自筹	无	—	否

注：EGR指强化采油，即在任何时期，向地层中注入流体、能量，以提高产量或采收率为目的的开采方法。

失败主要归咎于其技术投标竞争机制不包括对燃烧前捕获技术的资金支持。

过去20多年，国内已经开展20余个CCUS试点项目，已经初步完成技术储备工作。但是由于各个项目规模较小或运行时间较短，且大多数项目都是以煤化工、燃煤电厂为二氧化碳捕集来源，整体来说国内CCUS技术发展仍处于起步阶段，因此整体的碳捕集成本还处于较高水平。目前国内已开展的CCUS项目中大多数都为企业自发投资建设，其目的一是积极响应节能减排号召，示范有推广潜力的脱碳技术；二是加快推动CCUS技术研发，为未来大规模进行CCUS部署的潜在可能做技术储备。目前，国内CCUS工业项目尚未采用商业贷款或股权投资的融资模式。

自“十二五”以来，科学技术部、国家发展和改革委员会及地方政府多次呼吁企业、研究机构和高校积极开展CCUS示范研究工作，设立相应科研项目和对应资金，鼓励各方加快推动CCUS技术发展。但由于整体资金支持与大型CCUS示范项目所需资金存在较大差距，政府资金支持仍以技术可行性研究或实验室规模的技术研究为主。

迄今为止，国内大多数CCUS项目的前期投资都是通过企业自有资金以及赠款资金实现的，几乎没有债务融资（表5-2）。为了以实现气候变化目标所需的速度来部署CCUS，私营企业的投资比例必须增加。因此，银行在向项目开发商提供债务融资业务方面发挥着关键作用。而目前银行债务融资的难点在于企业实施CCUS项目无法获利，不愿接受银行的债务融资。国家激励政策的进一步完善、碳市场的成熟、运输和存储的基础设施集群式部署，对降低碳捕集、利用与封存项目的债务融资风险至关重要。

表 5-2　中国典型 CCUS 项目融资模式

CCUS 项目	规模 /（万 t/a）	融资模式 / 资金来源	特点 / 优劣势 / 问题
国家能源投资集团有限责任公司（神华）煤制油分公司深部咸水层二氧化碳地质封存示范项目	10	企业自筹，科学技术部资助，概算投资 2.1 亿元	由于资金及技术成熟度问题，目前项目处于间歇式运营状态
中国华能集团上海石洞口电厂碳捕集项目	12	企业自筹，概算投资 1.5 亿元。政府给予发电小时数补贴。捕集到的二氧化碳用于工业与食品行业，有一定收入	主要问题是没有开展后续的封存，捕集到的二氧化碳用于工业及食品加工，项目利润点依赖二氧化碳市场价格。目前项目处于间歇式运营状态
中国华能集团天津绿色煤电项目	10	企业自筹，科学技术部资助，概算投资 1 亿元	由于技术处于研发阶段，成本过高，无法形成合适的商业化模式
中石化胜利油田二氧化碳捕集和驱油示范项目	4	企业自筹，科学技术部资助	自主开发高效二氧化碳捕集溶剂
华润海丰碳捕集测试平台	2	企业自筹，概算投资 1.5 亿元。政府补贴发电小时数	旨在通过测试不同碳捕集技术，降低碳捕集成本，聚焦技术创新与创新型技术放大与推广
中石化中原油田 CO_2-EOR 项目	10	企业自筹，项目结合 CO_2-EOR 可带来一定经济回报	国内较早开始 CO_2-EOR 的油田，取得了较好效果。该项目累计提高采收率 10% ～ 15%
延长石油 CCUS 示范项目	5	企业自筹，科学技术部、亚洲开发银行资助	亚洲开发银行为延长石油集团规模为 100 万 t/a 的 CCUS 大型项目提供前端设计与可行性研究支持
中石油吉林油田 CO_2-EOR 示范项目	30	企业自筹，科学技术部、中石油资助	二氧化碳驱后产量提高幅度达到 30%，采收率对比水驱可以提高 10% 以上，采收率预计达到 15% ～ 20%
中电投重庆双槐电厂碳捕集示范项目	1	企业自筹，概算投资 1 250 万元	项目全部设备均由国内采购，因此大大降低了投资建设成本。目前的装置作为一个研发平台，其处理的烟气量不到电厂排放总烟气量的 1 %

续表 5-2

CCUS 项目	规模 /（万 t/a）	融资模式 / 资金来源	特点 / 优劣势 / 问题
华中科技大学 35 MW 富氧燃烧项目	10	科研经费	—
新疆敦华石油技术股份有限公司碳捕集项目	6	企业自筹	以 CCUS 技术为基础的二氧化碳驱油技术已成为克拉玛依油田低成本、高效率开发地下石油资源的稳产接替开采技术
中石油长庆油田 CCUS 示范项目	10	企业自筹，科学技术部、中石油专项资助	二氧化碳捕集源来自宁夏宁东德大气体开发科技有限公司，运输距离远导致二氧化碳成本高

5.2.2 CO_2-EOR 商业模式

根据国外 CCUS 示范项目商业模式（美国 Val Verde Natural Gas Plants 项目、美国 Coffeyville Gasification Plant 项目、加拿大 Quest 项目、沙特阿拉伯的 Uthmaniyah CO_2-EOR 全流程示范项目等）和能源项目商业模式（煤层气、页岩气、脱硫项目等），结合中国目前运营的 CO_2-EOR 项目商业模式，可以总结出中国目前存在的两种主要的 CCUS 商业模式：

（1）油企全流程独立运营模式

这种商业模式的核心特点为油田企业是 CCUS 全流程的独立运营商（图 5-2），这种垂直一体化的商业模式使风险与利润在多部门间可以较为灵活地被分配，并且各部门间的协调相较跨企业商业模式更容易实现，具有较低的交易成本，可以很好地适应 CCUS 技术发展初期的条件。该商业模式以中石油吉林油田、中石化胜利油田为代表，特点如下：

油气企业既是 CCUS 运营商又是二氧化碳终端消费者，即 CCUS 最终服务的客户。虽然这种模式涉及油气企业中不同的天然气公司（二氧化碳捕集、运输）、采油厂（二氧化碳封存、提高石油采收率），但是都属于同一个油气企业，比如中石油吉林油田 CO_2-EOR 项目气源为长岭气田，在二氧化碳捕集埋存与提高采收率（CCS-EOR）开发公司下的采油厂进行二氧化碳驱油封存，两者都属于中石油吉林油田分公司。CCUS 商业模式核心业务环节涉及了油田伴生气的二氧化碳的捕集与分离、二氧化碳的运输、二氧化碳的封存 3 个主要环节。

CCUS 成本主要包括天然气藏伴生气分离加压成本、二氧化碳运输成本及其他运营成本。天然气伴生气和化工厂、电厂、钢厂等排放大户的尾气相比，其优点首先是二氧化碳纯度高，可直接用于驱油，降低了处理成本；其次是气源和封存地距离较近，通常在 200 km 范围内，源汇匹配条件好，其运输距离短，降低了运输成本。

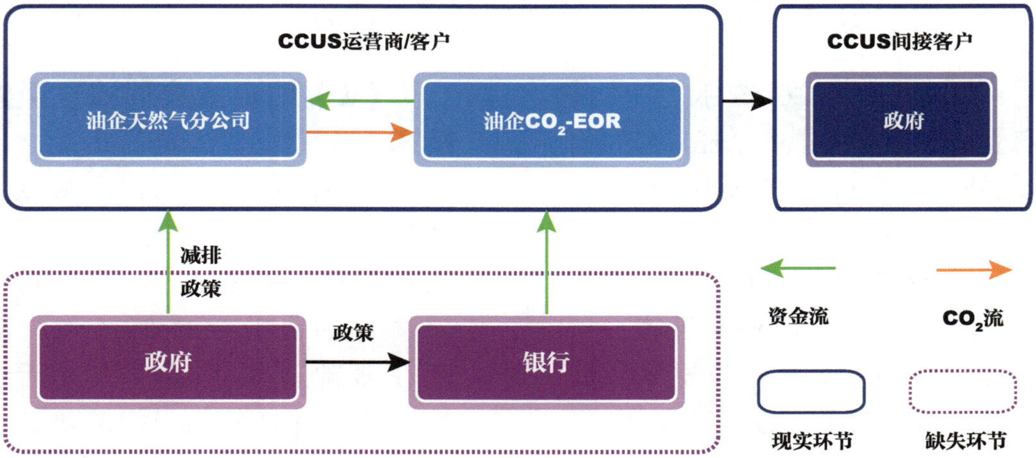

图 5-2　油企全流程 CCUS 独立运营模式

（2）CCUS 运营模式

该运营模式下，独立运营企业参与到CCUS项目的经营中来。CCUS 运营商灵活地将收购的捕集二氧化碳销售给二氧化碳使用方（油田），或是将二氧化碳直接封存获取封存补贴（图 5-3）。根据不同的合同制定规则，CCUS 运营收购与出售二氧化碳也可能面临风险（基于价格标的）。中石油长庆油田、新疆油田和中石化中原油田的 CCUS 项目都采用此模式。

在 CCUS 运营模式下，CCUS 出现了独立的市场化运营商，即二氧化碳捕集企业，如给长庆油田 CO_2-EOR 项目供气的宁夏德大气体开发科技有限公司、给中石油新疆油田分公司 CO_2-EOR 项目供气的新疆敦华石油技术有限公司，这些企业从煤化工企业购买低纯度二氧化碳，依靠企业自身技术进行捕集、分离和提纯，并运送至油田封存现场，油企之外的民营企业承担了运营商的角色；同时油企也没有完全脱离运营商的角色，这是因为运营中运输这一重要环节仍然离不开油企的参与，尤其在涉及运输管道建设时，由于耗资巨大，一般市场上的运营商没有建设能力，只有油企或政府出资才能实现。该商业模式覆盖了废气产生、二氧化碳捕集与分离、二氧化碳利用、二氧化碳封存等上下游，涉及废气产生企业（如煤化工、化肥厂等）、二氧化碳捕集及分离服务企业、二氧化碳的利用和封存的油田三方甚至多方企业、多种行业的合作。

运营商购买捕集的二氧化碳，一方面可以卖给二氧化碳消费企业，用于食品加工或化工生产，另一方面卖给油企用于驱油封存，因此其直接客户有两类。这种模式下，政府除了出台财税减免、补贴等直接的财政政策，还应该针对产生二氧化碳的化工企业或燃煤电厂等排放源出台碳税政策或提出减排要求。

CCUS 成本包含了煤化工尾气购买成本、尾气处理成本、运输成本及其他运营成本。由于煤化工企业尾气的二氧化碳捕集和分离成本在二氧化碳源的成本中占很大比例，因此 CCUS 运营商，即二氧化碳捕集企业，致力于通过研发新的捕集技术降低捕集成本；运输成本受运输方式、运输距离和运输规模的影响，目前示范项目阶段普遍采用罐车运输，在 CCUS 大规模应用阶段，成本更低的管道运输将是一种必然趋势。

政府在这种模式下应通过法律、标准、制度的建设，界定 CCUS 运营模式下运营商、合作方和客户之间的权利、义务和社会责任，避免出现纠纷，将全产业链 CCUS 的社会责任、经济和社会效益在各企业部门之间合理分配，促进 CCUS 项目各相关行业的有效合作。

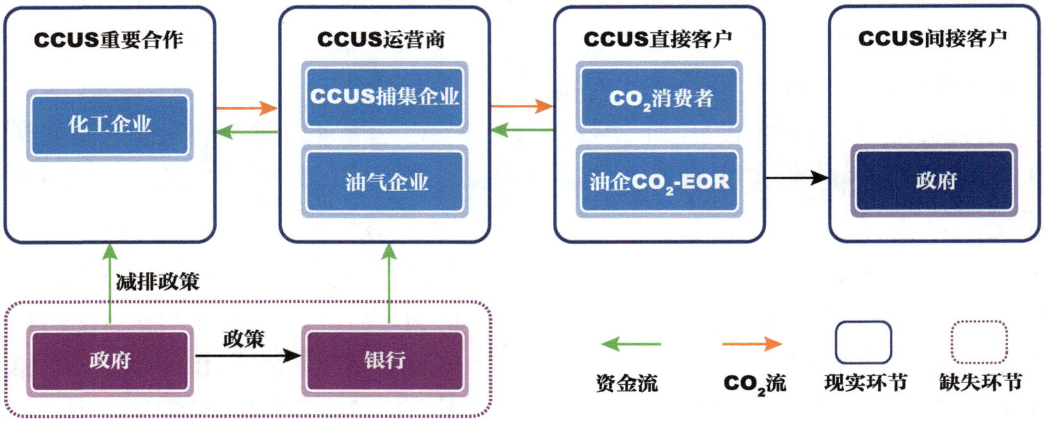

图 5-3　CCUS 运营模式

6 中国 CCUS 政策

6.1 相关政策

作为一种特殊的减排技术，CCUS 涉及多行业协作且投资巨大，其发展需要制定与之战略地位匹配的国家层面政策。中国政府高度重视应对气候变化工作，出台了一系列 CCUS 政策和规划，有序推进 CCUS 技术研发和示范。自 2006 年以来，国家发展和改革委员会、生态环境部（原环境保护部）、科学技术部、财政部、外交部、工业和信息化部、自然资源部（原国土资源部）等 16 个部门先后制定并发布了 20 多项国家政策和发展规划（图 6-1），如《国家中长期科学和技术发展规划纲要（2006—2020 年）》《国家应对气候变化规划（2014—2020 年）》《“十三五”控制温室气体排放工作方案》等（表 6-1）。这些发展规划不仅涉及国家战略层面，还进一步向具体化、可操作、可执行、可示范、可推广的趋势发展，为 CCUS 技术的研发、示范、应用指明了方向。

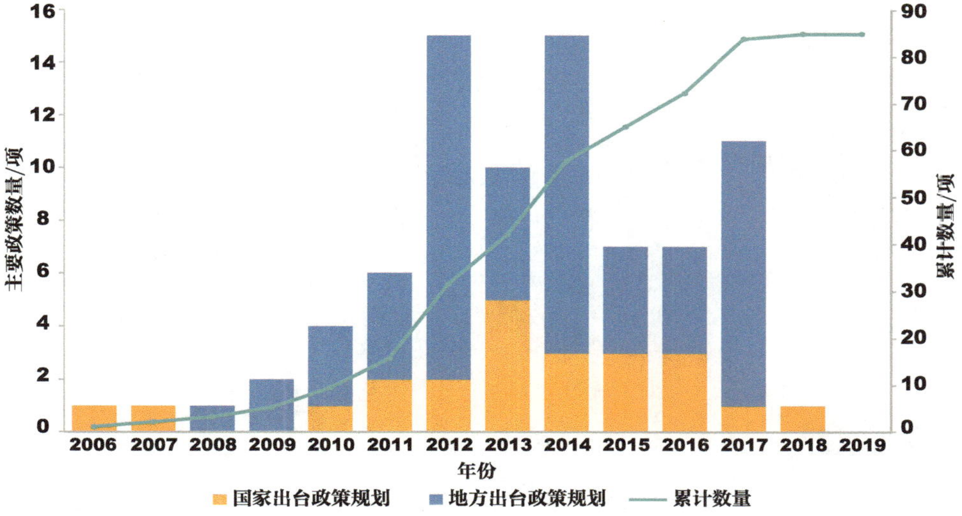

图 6-1　中国针对 CCUS 出台的主要政策数量统计

表 6-1 中国 CCUS 政策

发布单位	发布时间	名称	主要内容
国务院	2006 年 2 月 7 日	《国家中长期科学和技术发展规划纲要(2006—2020 年)》	开发高效、清洁和二氧化碳近零排放的化石能源利用技术
科学技术部、国家发展和改革委员会、外交部、教育部等 14 个部门	2007 年 6 月 13 日	《中国应对气候变化科技专项行动》	“二氧化碳捕集、利用与封存技术”被列为重点支持、集中攻关和示范的重点技术领域
科学技术部	2011 年 7 月 4 日	《国家“十二五”科学和技术发展规划》	发展二氧化碳捕集、利用与封存等技术
国土资源部	2011 年 9 月 13 日	《国土资源“十二五”科学和技术发展规划》	提出地质碳汇和二氧化碳地质储存技术攻关，“开展地质碳储方法、捕获和封存（CCS）工艺及监测技术攻关，探索人工固碳增汇技术和途径。以盆地（平原）为单元，以深部咸水含水层、含石油盆地、含天然气盆地和含煤层气盆地为重点，编制全国地质碳储潜力评价图。筛选战略远景区，实施地质碳储工程科技示范工程”
科学技术部、外交部、国家发展和改革委员会、教育部、工业和信息化部等 16 个部门	2012 年 5 月 4 日	《国家“十二五”应对气候变化科技发展专项规划》	开展二氧化碳捕集、利用与封存技术研究和示范；提出二氧化碳捕集、利用与封存技术开发与示范领域；研发低能耗的燃烧前、燃烧后及富氧燃烧、碳捕集流程工艺及关键技术，研究与建立封存地址鉴定与选址、地下二氧化碳流动监测与模拟、泄漏风险评估与处理、测量与监测等关键技术，开展二氧化碳驱提高石油采收率、微藻制油和化工利用等二氧化碳利用技术的研发与示范，开展二氧化碳捕集、利用与封存技术路线图及相关法律法规研究，围绕发电、钢铁、水泥、化工等重点行业开展二氧化碳捕集、利用与封存技术的综合集成与示范
工业和信息化部、国家发展和改革委员会、科学技术部、财政部等 4 部委	2012 年 12 月 31 日	《工业领域应对气候变化行动方案（2012 — 2020 年）》	在化工、水泥、钢铁等行业中实施碳捕集、利用与封存一体化示范工程，加快推进拥有自主知识产权的碳捕集与封存技术的示范应用，研发二氧化碳资源化利用的技术和方法，探索适合中国国情的碳捕集、利用与封存技术路线图，不断加强工业碳捕集、利用与封存能力建设

续表 6-1

发布单位	发布时间	名称	主要内容
科学技术部	2013 年 2 月 16 日	《“十二五”国家碳捕集利用与封存科技发展专项规划》	围绕 CCUS 各环节的技术瓶颈和薄弱环节，统筹协调基础研究、技术研发、装备研制和集成示范部署，突破 CCUS 关键技术开发，有序推动全流程 CCUS 示范项目建设
国家发展和改革委员会	2013 年 2 月 22 日	《战略性新兴产业重点产品和服务指导目录》	明确先进环保产业的重点产品包括碳减排及碳转化利用技术、碳捕集及碳封存技术等减少或消除温室气体排放的技术
国家发展和改革委员会	2013 年 4 月 27 日	《关于推动碳捕集、利用和封存试验示范的通知》	①结合碳捕集和封存各工艺环节实际情况开展相关试验示范项目；②开展碳捕集、利用和封存示范项目和基地建设；③探索建立相关政策激励机制；④加强碳捕集、利用和封存发展的战略研究和规划制定；⑤推动碳捕集、利用和封存相关标准规范的制定；⑥加强能力建设和国际合作
国务院	2013 年 5 月 6 日	《国家重大科技基础设施建设中长期规划（2012—2030）》	探索预研二氧化碳捕获、利用和封存设施建设，为应对全球气候变化提供技术支撑
环境保护部	2013 年 11 月 5 日	《关于加强碳捕集、利用和封存试验示范项目环境保护工作的通知》	加强碳捕集、利用和封存试验示范项目环境保护工作：①加强环境影响评价；②积极推进环境影响监测；③探索建立环境风险防控体系；④推动环境标准规范制定；⑤加强基础研究和技术示范；⑥加强能力建设和国际合作
国家发展和改革委员会	2014 年 8 月 25 日	《国家重点推广的低碳技术目录》	国家重点推广的技术包括低碳技术，涉及碳捕集利用与封存技术
国务院	2014 年 9 月 19 日	《国家应对气候变化规划（2014—2020 年）》	在火电、化工、油气开采、水泥、钢铁等行业中实施碳捕集试验示范项目，在地质条件适合的地区，开展封存试验项目，实施二氧化碳捕集、驱油、封存一体化示范工程。积极探索二氧化碳资源化利用的途径、技术和方法
国家能源局、环境保护部、工业和信息化部	2014 年 12 月 26 日	《国家能源局、环境保护部、工业和信息化部关于促进煤炭安全绿色开发和清洁高效利用的意见》	积极开展二氧化碳捕集、利用与封存技术研究和示范

续表 6-1

发布单位	发布时间	名称	主要内容
国家能源局	2015 年 4 月 27 日	《煤炭清洁高效利用行动计划(2015－2020 年)》	积极开展二氧化碳捕集、利用与封存技术研究和示范；鼓励现代煤化工企业与石油企业及相关行业合作，开展驱油、微藻吸收、地质封存等示范，为其他行业实施更大范围的碳减排积累经验
国家发展和改革委员会	2015 年 12 月 6 日	《国家重点推广的低碳技术目录》（第二批）	国家重点推广的技术包括低碳技术，涉及碳捕集利用与封存技术
环境保护部	2015 年 12 月 24 日	《合成氨工业污染防治技术政策》	鼓励研发的新技术中提到“二氧化碳捕集和综合利用技术”
环境保护部	2016 年 6 月 20 日	《二氧化碳捕集、利用与封存环境风险评估技术指南(试行)》	提出二氧化碳捕集、利用与封存的术语与定义，环境风险评估工作程序，主要环境风险源，环境风险受体，确定环境本底值，进行环境风险评估
国务院	2016 年 7 月 28 日	《“十三五”国家科技创新规划》	重点加强燃煤二氧化碳捕集、利用、封存的研发，开展燃烧后二氧化碳捕集实现每年百万吨的规模化示范
国务院	2016 年 10 月 27 日	《“十三五”控制温室气体排放工作方案》	在煤基行业和油气开采行业开展碳捕集、利用和封存的规模化产业示范，控制煤化工等行业碳排放；推进工业领域碳捕集、利用和封存试点示范，并做好环境风险评价；研究制定重点行业、重点产品温室气体排放核算标准、建筑低碳运行标准、碳捕集利用与封存标准等，完善低碳产品标准、标识和认证制度
科学技术部、环境保护部、中国气象局	2017 年 4 月 27 日	《“十三五”应对气候变化科技创新专项规划》	推进减缓气候变化技术的研发和应用示范，设立大规模低成本碳捕集、利用与封存（CCUS）关键技术专栏；继续推进大规模低成本碳捕集、利用与封存（CCUS）技术与低碳减排技术研发与应用示范
住房和城乡建设部	2018 年 9 月 11 日	《烟气二氧化碳捕集纯化工程设计标准》	适用于新建、扩建或改建的烟气二氧化碳捕集纯化工程设计

从政策内容上看，中国近十几年出台的政策主要是国家或地方战略规划、发展规划等宏观政策，技术指南仅有一个，减排补偿和投资相关的措施则没有。

6.2 政策成效

（1）确定CCUS为应对气候变化领域的重点技术

2007年，由科学技术部等14个部门联合发布的《中国应对气候变化科技专项行动》中提出将二氧化碳捕集、利用与封存技术列为重点支持、集中攻关和示范的重点技术，确定了CCUS在应对气候变化领域的重要地位。随后在国家和地方的科技发展专项及中长期规划中，进一步明确了大力发展碳捕集与封存技术。在《国家“十二五”科学和技术发展规划》中提出，要发展二氧化碳捕集、利用与封存等技术，在国家发展和改革委员会制定的《战略性新兴产业重点产品和服务指导目录》中，将碳减排及碳转化利用技术、碳捕集及碳封存技术等控制温室气体排放的技术确定为先进环保产业的重点产品。

2011年，由科学技术部编制的中国碳捕集利用与封存技术发展路线图提出了中国发展CCUS技术的目标和主要任务。2014年，科学技术部对中国二氧化碳利用技术的状态和环境、社会经济效益潜力进行了评估。2019年，科学技术部发布了新版路线图以适应国内外环境的变化以及CCUS技术的发展，并开展中国CCUS技术评估工作。

（2）积极推动CCUS示范项目的建设及相关技术的推广

在明确CCUS在应对气候变化和能源结构改革中的重要作用的基础上，国家和各级地方政府强调了加快推进CCUS一体化示范工程的建设，纷纷提出发展碳捕集和封存关键技术的要求和目标，2013年，由工业和信息化部、国家发展和改革委员会、科学技术部和财政部联合印发的《工业领域应对气候变化行动方案》中提出，要加快推进CCUS一体化示范工程，鼓励重点行业推广应用低碳技术，以减少工业温室气体排放。2014年国务院出台的《国家应对气候变化规划（2014—2020年）》中提出，在火电、化工、油气开采、水泥、钢铁等行业中实施碳捕集试验示范项目，在地质条件适合的地区，开展封存试验项目，实施二氧化碳捕集、驱油、封存一体化示范工程；积极探索二氧化碳资源化利用的途径、技术和方法。国家能源局印发的《煤炭清洁高效利用行动计划（2015—2020年）》提出，要大力发展洁净煤技术，促进资源高效清洁利用，积极开展二氧化碳捕集、利用和封存技术研究和示范工作；鼓励现代煤化工企业与石油企业及相关行业合作，开展驱油、微藻吸收、地质封存等示范项目。2017年，科学技术部、环境保护部、中国气象局联合发布的《“十三五”应对气候变化科技创新专项规划》中又进一步强调，要在能源、电力、工业、建筑、交通、农业等重点行业进行全生命周期的减排技术的研发与示范应用，同时继续推进大规模、低成本CCUS技术与低碳减排技术的研发与应用示范。北京、上海、陕西、广东等省（市）针对本地区CCUS发展条件提出了示范项目部署和关键技术开发等具体目标。

（3）加强碳捕集示范项目的环境保护工作

2013年，环境保护部发布的《关于加强碳捕集、利用和封存试验示范项目环境保护工作的通知》中提出加强碳捕集、利用和封存试验示范项目的环境保护工作，加强环境影响评价和环境影响监测，探索建立环境风险防控体系，推动环境标准规范制定等要求，应此要求，环境保护部编制了《二氧化碳捕集、利用和封存环境风险评估技术指南（试行）》，并于2016年正式发布，这是中国第一部针对CCUS环境风险制定的技术指南和规范。

6.3 政策建议

国家和地方虽然出台了一系列政策鼓励CCUS示范项目的发展和技术开发，但是在加快推进CCUS的商业化应用过程中，政策体系仍然不完善。本报告提出如下建议：

（1）建立、健全CCUS法规和标准体系

在中国CCUS项目实践过程中，面临着所有权不明确、管辖部门及审批程序不明确、相关技术规范缺乏等亟待解决的问题，需要制定明晰、完善的CCUS法律法规，减少利益相关方各种顾虑，确保CCUS项目稳健开展；严格、清晰界定CCUS项目边界，防止CCUS概念泛化；基于标准体系，实施CCUS减排量的第三方核查制度。

（2）出台鼓励和补贴政策，探索市场化激励机制，完善投融资环境

CCUS技术的发展需要解决商业化应用之前的巨额研发资金投入的问题。建议出台政策，实施经济鼓励和补贴；探索市场化激励政策，开通银行贷款绿色通道，引进社会资本，推进CCUS纳入中国碳排放权交易体系等；政府加强基础设施建设，包括建设二氧化碳运输管道等，降低CCUS运营商的成本；建议设计合理的投融资机制和政策，克服CCUS投资与运行成本高的障碍。

（3）建立跨部门、跨行业协调机制，分阶段、分重点逐步推进CCUS项目的商业化进程

CCUS项目的开展涉及多部门、跨行业的配合和协调，建议成立由生态环境部领导的跨部门专门协调机构，统筹CCUS规划、研究、评估、立项等环节中不同部门之间的协调工作，设计合理的成本、效益和责任分担机制。以规模化地质封存为驱动，以大规模安全封存与减排为目标，在“十四五”期间，开展中国CCUS整体布局和规划工作。

参考文献 >>>>

[1] GCCSI (Global CCS Institute). 2019. Policy Priority for Incentivise Large Scale Deployment of CCS. https://www.globalccsinstitute.com/wp-content/uploads/2019/04/TL-Report-Policy-prorities-to-incentivise-the-large-scale-deployme-nt-of-CCS-digital-final-2019-1.pdf.

[2] IEA. Carbon Capture and Storage: Legal and Regulatory Review–3rd Edition[M]. Paris, OECD/IEA, 2012.

[3] IEA. 20 Years of Carbon Capture and Storage Accelerating Future Deployment [M]. Paris, OECD/IEA, 2016.

[4] IPCC. IPCC Special Report on Carbon Dioxide Capture and Storage[M]// Metz B, Davidson O, de Coninck H C, Loos M, Mayer L A, eds. Cambridge, UK. and New York, USA, Cambridge University Press, 2005.

[5] IPCC. Climate Change 2014: Mitigation of Climate Change. Contribution of Working Group III to the Fifth Assessment Report of the Intergovernmental Panel on Climate Change[M]. Cambridge, UK and New York, USA, Cambridge University Press, 2014.

[6] BP. Statistical Review of World Energy[R]. 2019.

[7] 科学技术部社会发展科技司 , 中国 21 世纪议程管理中心 . 中国碳捕集利用与封存技术发展路线图 [R]. 北京 , 2019.

[8] 中国21世纪议程管理中心. 《第三次气候变化国家评估报告》特别报告: 中国二氧化碳利用技术评估报告[M]. 北京: 科学出版社, 2014: 206.

[9] 中国二氧化碳地质封存环境风险研究组. 中国二氧化碳地质封存环境风险评估（第二版）[M]. 北京: 化学工业出版社, 2018: 178.

名词解释 >>>>

英文缩写	中文解释
BECCS	生物能碳捕获与封存
CCS	二氧化碳捕集与封存
CCUS	二氧化碳捕集、利用与封存
CO_2-ECBM	二氧化碳驱替煤层气
CO_2-EOR	二氧化碳驱提高石油采收率
IEA	国际能源署
IGCC	整体煤气化联合循环发电
IPCC	政府间气候变化专门委员会

附表

中国 CCUS 项目基本信息表

项目名称	所在省市	捕集									输送	
		捕集工业类型	经营主体	捕集源	捕集技术	捕集规模/(万t/a)	能耗/GJ	水耗/(t/t)	CO_2纯度/%	CO_2总产量/万t	输送方式	输送距离/km
国家能源集团鄂尔多斯咸水层封存项目	内蒙古鄂尔多斯	煤制油	国家能源投资集团有限责任公司鄂尔多斯煤制油分公司	—	燃烧前（物理吸附）	10	1.23	无	99.5	30.26	罐车	~13
延长石油陕北煤化工 CO_2 捕集与示范	陕西榆林	煤制气	陕西延长石油榆林煤炭化学公司气化厂	—	燃烧前（物理吸收）	5	NA	NA	99.8	5	罐车	200
中国核工业集团有限公司通辽地浸采铀	内蒙古通辽	—	—	—	—	—	—	—	—	—	罐车	—
中国石油吉林油田 CCS-EOR 示范项目	吉林松原	天然气处理	中国石油吉林油田公司松原采气厂	—	燃烧前（伴生气分离）	80	NA	NA	99.9	160	管道	12.6
华能高碑店电厂	北京	燃煤电厂	华能高碑店电厂	—	燃烧后（化学吸收）	0.3	0.972	NA	＞99.9	NA	—	—
华能绿色煤电 IGCC 电厂捕集利用和封存	天津	燃煤电厂	天津市滨海新区 400 MW 煤气化联合循环发电示范机组	—	燃烧前（化学吸收）	10	NA	NA	NA	NA	罐车	—
国电集团天津北塘热电厂	天津	燃煤电厂	天津北塘电厂	—	燃烧后（化学吸附）	2	NA	NA	NA	NA	罐车	—
连云港清洁能源动力系统研究设施	江苏连云港	燃煤电厂	连云港清洁能源创新产业园	400 MW 级 IGCC 机组	燃烧前	3	NA	NA	NA	NA	无	—
华能石洞口电厂	上海石洞口	燃煤电厂	华能上海石洞口第二电厂	600 MW 超临界机组	燃烧后（化学吸收）	12	0.738	NA	NA	NA	—	—
中石化胜利油田 EOR 项目	山东东营	燃煤电厂	胜利电厂	—	燃烧后（化学吸收）	4	NA	NA	99.997	NA	罐车	—
中石化中原油田 CO_2-EOR 项目	河南濮阳	化肥厂	—	化肥厂合成氨尾气	燃烧前（化学吸收）	50	NA	NA	NA	500	罐车	NA
中电投重庆双槐电厂碳捕集示范项目	重庆	燃煤电厂	重庆合川双槐电厂	2 台 300 MW 机组	燃烧后（化学吸附）	1	NA	NA	＞99.9	NA	—	—
中联煤驱煤层气项目（柿庄）	山西沁水	—	—	—	—	—	—	—	—	—	罐车	NA
华中科技大学 35MW 富氧燃烧示范	湖北武汉	燃煤电厂	湖北久大（应城）公司	热电二车间	富氧燃烧	10	15.48	40	95	NA	罐车	—
中联煤驱煤层气项目（柳林）	山西柳林	—	—	—	—	—	—	—	—	—	罐车	NA
克拉玛依敦华石油 - 新疆油田 EOR 项目	新疆克拉玛依	甲醇厂	新疆敦华石油技术有限公司	中石油克拉玛依石化公司甲醇厂	燃烧前（化学吸收）	10	2.5	45	99.96	NA	罐车	26
长庆油田 EOR 项目	陕西榆林	甲醇厂	宁夏德大气体开发科技有限公司	神宁煤化工甲醇厂	燃烧前	5	NA	NA	NA	NA	罐车	NA
大庆油田 EOR 示范项目	黑龙江大庆	天然气处理	大庆天然气分公司徐深九天然气净化厂	徐深气田	燃烧前（伴生气分离）	NA	NA	NA	NA	NA	罐车（外购气）+管道（徐深九天然气净化厂）	NA
海螺集团芜湖白马山水泥厂 5 万 t 级二氧化碳捕集与纯化示范项目	安徽芜湖	水泥厂	芜湖白马山水泥厂	—	燃烧前（化学吸收）	5	NA	NA	99.99	—	—	—
华润电力海丰碳捕集测试平台	广东海丰	燃煤电厂	中英（广东）CCUS 中心	华润海丰电厂 1 号机组	燃烧后	2	3.24	20 t/h	99.99	NA	无	—
中石化华东油气田 CCUS 全流程示范项目	江苏东台	化工厂	江苏华扬液碳有限责任公司泰兴二氧化碳厂	中石化南京化工公司	燃烧前	4	124 元 /t	8.6 元 /t	99	10	槽车槽船	100

注："NA"：数据不可获得；"—"：无数据。

数据来自企业自愿填报，未经过严格核实，仅供参考。

利用与封存								CO_2成本/（元/t）	投运年份	2019年状态
处置单位/企业	处置地点	处置技术	CO_2年利用/注入量（万t）	CO_2总利用量/万t	产品	产能（万t/年）	资源总产量/万t			
国家能源投资集团有限责任公司煤制油分公司	鄂尔多斯盆地	咸水层封存	10	30.26	—	—	—	249	2011	2015年停止注入，监测中
延长石油	陕西榆林靖边油田	EOR	5	13	原油	NA	NA	120	2013	运行中
通辽铀业	钱家店铀矿床	EUL（地浸采铀）	NA	NA	NA	NA	NA	NA	NA	NA
中国石油吉林油田公司二氧化碳捕集埋存与提高采收率开发公司	大情字井油田	EOR	30	145	原油	7.5	NA	166	2008	运行中
高碑店电厂	NA	NA	—	—	—	—	—	—	2008	运行中
—	—	放空	—	—	—	—	—	—	2015捕集装置完成，利用与封存工程延迟	运行中
—	市场销售	食品应用	—	—	—	—	—	—	2012	运行中
—	—	放空	—	—	—	—	—	—	2011	运行中
石洞口电厂	市场销售	工业利用与食品	—	—	—	—	—	—	2009	间歇式运行
胜利油田	东营市胜利油田G89区块	EOR	4		原油	NA	NA	450	2010	运行中
中原油田	中原油田	EOR	10	74	原油	NA	NA	350	2015	运行中
—	自用	用于焊接保护、电厂发电机氢冷置换等	—	—	—	—	—	NA	2010	运行中
中联煤	沁水盆地柿庄区块	ECBM	0.1	NA	煤层气	NA	NA	NA	2004	运行中
—	市场销售	工业应用	—	—	—	—	—	780～900	2014	间歇式运行
中联煤	鄂尔多斯盆地柳林区块	ECBM	0.1	NA	煤层气	NA	NA	NA	2012	运行中
新疆油田	准噶尔盆地新疆油田	EOR	2	123.9	原油	1.4～3.9	49.51	800	2015	运行中
长庆油田	陕西省定边县长庆油田姬塬油区	EOR	5	37.6	原油	NA	NA	NA	2017	运行中
大庆油田	长垣外围树101区块，海拉尔油田贝14区块	EOR	20	NA	原油	NA	NA	NA	2003	运行中
—	市场销售	—	—	—	—	—	—	NA	2018	运行中
华润（海丰）电厂	NA	—	—	—	—	—	—	500	2019	运行中
中石化华东分公司	华东油气田真武、花庄、帅垛、草舍和海安区块	EOR	10	40	原油	—	13	—	2005	运行中